现代化工"校企双元"人才培养职业教育改革系列教材编写委员会

主任 高 炬　　　　　上海现代化工职业学院

委员（以姓氏笔画为序）

孙士铸	东营职业学院
严小丽	上海现代化工职业学院
李小蔚	江苏省连云港中等专业学校
张 庆	茂名职业技术学院
张 恒	常熟市滨江职业技术学校
张洪福	盘锦职业技术学院
张慧波	宁波职业技术学院
周川益	成都石化工业学校
胡 萍	寿光市职业教育中心学校
姚 雁	平湖市职业中等专业学校
徐丽娟	江苏省常熟职业教育中心校
黄汉军	上海现代化工职业学院

上海市职业教育"十四五"规划教材
准用号：SG-ZZ-2023005

化工管路拆装

胡迪君 主　编
陈　星 副主编
张　华 主　审

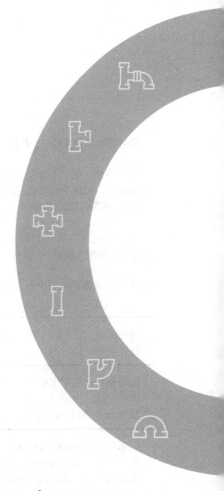

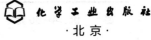
·北京·

内 容 简 介

《化工管路拆装》以化工工艺相关岗位的工作任务与职业能力要求为依据设计，并借鉴德国双元制下的"化学工艺操作员"职业学校教学大纲和企业培训大纲，结合化工生产特点，以具体情境为内容载体撰写而成。

本书主要内容有轴测图的识读，材料的特性与加工，各种管配件的连接与密封，管道、泵、阀门的安装与拆卸，物料输送设备的调试开车与维护保养等。全书理实一体化，配套实践操作工作页，建议教学课时为106课时。

本书可作为职业教育化工类专业或相关专业教材，也可作为化工企业操作工专业技能培训教材，还可供相关企业人员参考。

图书在版编目（CIP）数据

化工管路拆装 / 胡迪君主编；陈星副主编 . —北京：化学工业出版社，2023.1（2024.2重印）
ISBN 978-7-122-42389-4

Ⅰ．①化… Ⅱ．①胡… ②陈… Ⅲ．①化工设备 - 管道设备 - 装配（机械）- 教材 Ⅳ．① TQ055.8

中国版本图书馆 CIP 数据核字（2022）第 193312 号

责任编辑：提　岩　旷英姿　　　　　文字编辑：崔婷婷
责任校对：边　涛　　　　　　　　　装帧设计：王晓宇

出版发行：化学工业出版社（北京市东城区青年湖南街 13 号　邮政编码 100011）
印　　装：中煤（北京）印务有限公司
787mm×1092mm　1/16　印张 17¼　字数 424 千字　2024 年 2 月北京第 1 版第 2 次印刷

购书咨询：010-64518888　　　　　　　　　　　　　　售后服务：010-64518899
网　　址：http://www.cip.com.cn
凡购买本书，如有缺损质量问题，本社销售中心负责调换。

定　价：49.80 元　　　　　　　　　　　　　　　　　　　　　版权所有　违者必究

前言

根据《中华人民共和国国民经济和社会发展第十四个五年规划和2035年远景目标纲要》，当今职业教育备受关注。教育部《关于职业院校专业人才培养方案制订与实施工作的指导意见》明确指出：职业院校要加强实践性教学。化工机械设备是化工专业普遍开设的专业核心课程，然而传统课程偏理论化。按照实际化工生产一线操作岗位需求，管路拆装、管路维护保养等技能是化工生产一线操作人员的基本技能，操作的规范与否直接影响化工生产安全。本书突出化工管路拆装操作技能，为培养快速适应化工企业一线操作的技能人才提供教学资源，为化工安全生产保驾护航。

本书充分对接化学工艺专业国际化教学标准，融入国际化教学理念，内容中穿插相关法律法规及国家、行业等标准，强调化工作业安全规范、环保健康、工匠精神和社会责任意识等元素，旨在培养学生的综合职业素养。

本书由七个学习情境组成，以任务描述、学习目标、知识准备、任务实施形式架构，配有实战演练、拓展阅读和巩固练习。教材打破传统知识体系，将理论知识巧妙地贯穿于工作任务之中，结构新颖，条理清晰，实用性强，适用于化工及相关专业的化工设备等课程。

本书及配套工作页由上海现代化工职业学院胡迪君担任主编，盘锦职业技术学院陈星担任副主编。具体编写分工为：学习情境一、学习情境二和工作页的项目一～项目三由陈星编写；学习情境三（部分）、学习情境四（部分）、学习情境五（部分）、学习情境六（部分）和工作页的项目四、项目五、项目十五由胡迪君编写；学习情境三（部分）、学习情境七（部分）和工作页的项目十由常熟市滨江职业技术学校吴晓波编写；学习情境四（部分）和工作页的项目六由成都石化工业学校强叶东编写；学习情境四（部分）和工作页的项目七由平湖市职业中等专业学校吕家锦编写；学习情境五（部分）、学习情境七（部分）和工作页的项目八、项目十六～项目十八由东营职业学院李浩、王红编写；学习情境六（部分）和工作页的项目九、项目十四由上海现代化工职业学院周慧娟编写；学习情境六（部分）和工作页的项目十一～项目十三由茂名职业技术学院王丹菊、胡鑫鑫编写。全书由胡迪君统稿，中国石化上海高桥石油化工有限公司中国石化集团公司技能大师张华担任主审，成都石化工业学校周川益参与审核。

中德化工职教联盟上海现代化工职业学院、上海市教育委员会教学研究室、化学工业出版社的领导和专家对本书的编写给予了极大的支持和关心，科思创聚合物（中国）有限公司的企业专家也对编写工作提出了诸多宝贵意见和建议，在此一并致以衷心的感谢。

由于编者的水平所限，书中不足之处在所难免，敬请广大读者批评指正。

编者

2022 年 11 月

目录

学习情境一 管路轴测图识读 … 1

情境描述 … 1

任务一　认识管路轴测图 … 2

任务描述 … 2	任务实施 … 10
学习目标 … 2	一、绘制管道正等轴测图的基本原则 … 10
知识准备 … 2	二、操作指导 … 10
一、管道图 … 2	实战演练　管路轴测图绘制 … 11
二、管路轴测图基本知识 … 2	巩固练习 … 11
三、管路轴测图的图面表示 … 4	

任务二　识读管路轴测图 … 12

任务描述 … 12	四、管道的标注 … 15
学习目标 … 12	任务实施 … 17
知识准备 … 12	一、管路轴测图的识读方法 … 17
一、化工管道概述 … 12	二、识读指导 … 18
二、管道标准 … 12	实战演练　管路轴测图识读 … 18
三、管道分类与分级 … 14	巩固练习 … 19

学习情境二 材料准备 … 20

情境描述 … 20

任务一　材料表的识读 … 21

任务描述 … 21	二、辅助材料的分类 … 22
学习目标 … 21	三、材料的用途 … 23
知识准备 … 22	四、材料的性能 … 23
一、工程材料的分类 … 22	五、金属材料的命名 … 26

| 实战演练 材料采购清单整理 | 27 | 巩固练习 | 28 |
| 拓展阅读 | 28 | | |

任务二　金属材料加工　29

任务描述	29	任务实施	35
学习目标	29	一、设备与工具	35
知识准备	29	二、操作指导	35
一、划线	30	三、安全与环保	37
二、锯削	32	实战演练　管箍加工（金属材料加工）	37
三、锉削	34	巩固练习	38

学习情境三
管道组成件领用　39

情境描述　39

任务一　管子管件领用　40

任务描述	40	二、操作指导	49
学习目标	40	三、安全与环保	50
知识准备	41	实战演练　管子管件领用（游标卡尺使用）	50
一、管件种类	41		
二、管件规格与主要参数	47	拓展阅读	50
任务实施	47	巩固练习	50
一、设备与工具	47		

任务二　阀门及其他配件领用　51

任务描述	51	一、设备与工具	60
学习目标	51	二、操作指导	61
知识准备	52	三、安全与环保	62
一、阀门的基本知识	52	实战演练　阀门及其他配件领用	62
二、常见阀门的结构及特点	54	拓展阅读	63
三、其他配件的结构及特点	58	巩固练习	63
任务实施	60		

学习情境四
管路系统连接　64

情境描述　64

任务一　管道及阀门安装（法兰连接）　65

任务描述	65	一、管路连接方式	65
学习目标	65	二、管道支架	67
知识准备	65	任务实施	68

一、设备与工具	68	（法兰连接）	72
二、操作指导	69	拓展阅读	72
三、安全与环保	72	巩固练习	73
实战演练　管道及阀门安装			

任务二　压力表安装（螺纹连接）　　74

任务描述	74	一、设备与工具	77
学习目标	74	二、操作指导	77
知识准备	74	三、安全与环保	79
一、认识螺纹	74	实战演练　压力表安装（螺纹连接）	79
二、螺纹标注	75	拓展阅读	80
三、应用实例	75	巩固练习	80
任务实施	77		

学习情境五
管路系统测试　　81

情境描述　　81

任务一　水压试验　　82

任务描述	82	一、设备与工具	84
学习目标	82	二、风险识别与实施计划	85
知识准备	82	三、操作指导	85
一、水压试验管道条件	82	四、安全与环保	88
二、水压试验水质要求	82	实战演练　水压试验	88
三、管道组成件要求	83	拓展阅读	88
四、水压试验压力	83	巩固练习	88
任务实施	84		

任务二　气密性试验　　90

任务描述	90	一、设备与工具	92
学习目标	90	二、试验准备	93
知识准备	90	三、操作指导	94
一、气压试验	90	四、安全与环保	96
二、气密性试验	91	实战演练　气密性试验	96
三、试验压力	91	拓展阅读	96
四、气体输送机械	91	巩固练习	97
任务实施	92		

学习情境六
管路系统运行　　98

情境描述　　98

任务一　离心泵的运行　　99

任务描述	99	任务实施	106
学习目标	99	一、设备与工具	106
知识准备	99	二、操作指导	107
一、流体输送机械	99	三、安全与环保	114
二、离心泵的结构	100	实战演练　离心泵的运行	114
三、离心泵的密封系统	102	拓展阅读	114
四、离心泵的特点与特性曲线	105	巩固练习	114

任务二　往复泵的运行　　　　　　　　115

任务描述	115	任务实施	118
学习目标	115	一、操作指导	118
知识准备	115	二、安全与环保	119
一、往复泵的结构	115	实战演练　往复泵的运行	120
二、往复泵的工作原理	116	拓展阅读	120
三、往复泵的特点	116	巩固练习	120
四、往复泵的流量调节	117		

学习情境七
管路系统维护和保养　　　　　　　　122

情境描述　　　　122

任务一　日常维护保养　　　　　　　　123

任务描述	123	二、操作指导	128
学习目标	123	三、保养检查记录	130
知识准备	123	四、注意事项	130
一、管道的日常维护保养制度	123	五、安全与环保	130
二、管道日常检查及保养项目	124	实战演练　日常维护保养——更换润滑油	131
三、管道的腐蚀与防腐	125	拓展阅读	131
四、润滑油型号和使用场合	126	巩固练习	131
任务实施	126		
一、设备与工具	126		

任务二　管道泄漏故障处理　　　　　　　　132

任务描述	132	任务实施	138
学习目标	132	一、设备与工具	138
知识准备	132	二、操作前准备	139
一、管道系统维修的分类	132	三、操作指导	139
二、旁通管路的作用	133	四、交付使用前安全检查	145
三、管道检修的事故类型与事故原因	133	五、安全与环保	146
四、泄漏类型	134	实战演练　管道泄漏故障处理	146
五、泄漏处置方法	135	拓展阅读	146
		巩固练习	146

参考文献　　　　　　　　147

二维码资源目录

序号	资源名称		资源类别	页码
1	管路轴测图		3D 动画	18
2	材料的种类与特征		微课	22
3	止回阀		3D 动画	56
4	弹簧式安全阀		3D 动画	57
5	Y 型过滤器		3D 动画	58
6	管路拆装装置		3D 动画	72
7	螺纹的基础知识		微课	74
8	螺纹连接		视频	79
9	水压试验		视频	88
10	气密性试验		视频	96
11	金属材料的腐蚀与防腐		微课	125
12	管道日常维护与保养		微课	131
13	管道泄漏故障处理	管道更换垫片	视频	146
		哈夫节带压堵漏	视频	
		法兰钢带丝杠注胶堵漏	视频	

郑重声明：

　　本书中的二维码资源均由编者提供，资源内容由编者单位严格管理，平台资源管理由出版社负责。

学习情境一
管路轴测图识读

情境描述

XX设备检修有限公司承接一化工企业A装置技术改造项目，设计已经完成，企业根据现有情况已经完成技术改造方案，编制了作业指导，即将进入施工阶段。小王作为该项目施工小组组长，首先需要带领小组成员研究施工图纸，包括施工装置管路轴测图，读懂图纸中所有信息，以便后续施工作业顺利开展。

任务一 认识管路轴测图

任务描述

小王拿到管路轴测图(见图1-1)后,需要构建管路空间模型,掌握轴测图相关知识和绘图方法,按照给定简单管路轴测图梳理管路空间走向,并画轴测图。

学习目标

1. 掌握轴测图基本知识。
2. 理解绘制正等轴测图的步骤。
3. 能够按照给定简单管路轴测图构建管路空间模型。
4. 认识轴测图中阀门、管配件、连接方式、管道标注等图面表示。
5. 通过绘制轴测图养成细致、认真、严谨的工作态度。

知识准备

在石油和化工企业,生产装置中的工艺气体、工艺液体、水和蒸汽等流体都是通过管道来输送的,化工设备和机械之间的连接也是通过管道来实现的。

为了实现石油化工工艺的各种工艺操作,构成完整的生产工艺系统,各种机械、设备都是借助于管道连通。管道被称为石油化工生产的"大动脉",是化工设备的重要组成部分。

正确地识别管道的类型、连接及其布置方式,了解化工管道常用阀门的结构并正确地安装、使用与维护,正确地识读化工管路轴测图是化工生产一线操作者应有的职业能力之一。

一、管道图

管道的设计与布置是以物料流程图、管道仪表流程图、设备布置图及有关土建、仪表、电气等方面的图样和资料为依据进行的。设计应满足工艺要求,使管道便于安装、操作及维修,且布局合理、整齐、美观、安全可靠。

管道布置设计的图样包括管道布置图、平面布置图、立面布置图、剖面布置图、管路轴测图、管件图和管架图等,本节重点介绍管路轴测图。

二、管路轴测图基本知识

管路轴测图亦称管段图或空视图。管路轴测图是用来表达一个设备至另一个设备或某区间一段管道的空间走向,以及管道上所附管件、阀门、仪表控制点等安装布置的立体图样。

管路轴测图按轴测图投影原理绘制,立体感强,容易识读,能全面、清晰地反映管道布置的设计和施工细节,还可以发现在设计中可能出现的误差,避免在图样上发生不易发现的管道碰撞等情况,有利于管道的预制和加快安装施工进度。管路轴测图是设备和管道布置设计的重要方式,也是管道布置设计发展的趋势。

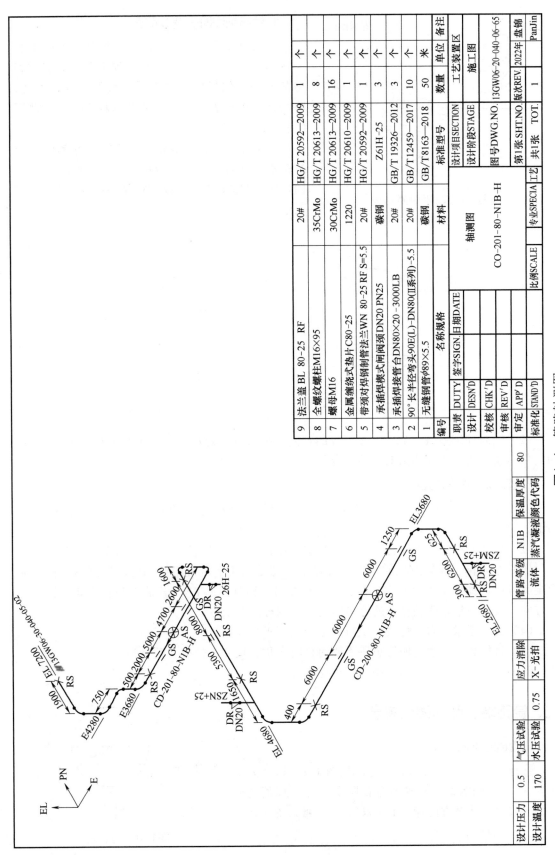

图1-1 管路轴测图

1. 管路轴测图的投影原理

管路轴测图按正等轴测投影绘制，见图1-2。使物体的三个主要方向都与轴测投影面 P 具有相等的倾角，然后用与 P 平面垂直的平行投射线，将物体投射到 P 上，所得的图形称为正等轴测图（简称正等测图）。

（1）轴间角　正等轴测图的轴间角 $X_1O_1Y_1 = X_1O_1Z_1 = Y_1O_1Z_1 = 120°$，$O_1Z_1$ 轴一般画成铅直方向，O_1X_1 轴、O_1Y_1 轴与水平线成 $30°$ 角，如图1-3所示。

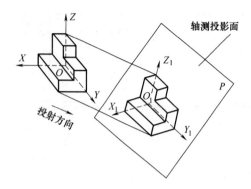

图1-2　轴测图的形成

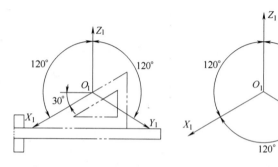

图1-3　轴间角

（2）轴向伸缩系数　X、Y、Z 三轴的轴向伸缩系数均为 0.82，为作图简便，均取 1，称为简化伸缩系数。在轴测图上，轴向线段可按实长量取。

2. 管路轴测图的内容

（1）图形　按轴测投影原理绘制的管路轴测图及附属的管件、阀门等的符号和图形。

（2）尺寸及标注　标注管道编号、管道所接设备的位号及管口序号和安置尺寸等。

（3）方向标　安置方位的基准。管路轴测图是按正等测投影绘制的，在画图之前首先确定其方向，如图1-4所示。主要确认建北方向，轴测图的 PN（建北）与管道布置图的建北方向一致，并将管路轴测图的方向标绘制在图样的左上方。

（4）技术要求　有关焊接、试压等方面的要求。

（5）材料表　列表说明管道所需要的材料名称、尺寸、规格、数量等。

（6）标题栏　填写图名、图号、责任者等。

三、管路轴测图的图面表示

1. 管道的走向

管道的走向按方向标的规定，见图1-4，这个方向标的北（N 或 PN）向与管道布置图上的方向标的北向应是一致的。其余方向标为 E（东）、W（西）、S（南）、UP（上）、DN（下）。

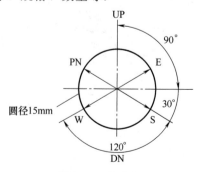

图1-4　方向标

2. 管段号

管路轴测图往往反映的是个别局部管道，原则上一个管段号画一张管路轴测图。对于复杂的管段，或长而多次改变方向的管段，可利用法兰或焊接点作为自然点断开，分别绘制几张管路轴测图，但需用一个图号注明页数。对比较简单，物料、材质均相同的几个管段，也可画在一张图样上，并分别注明管段号。

3. 图中文字

图中文字除规定的缩写词用英文字母外，其他用中文。

4. 比例

管路轴测图不必按比例绘制，但各种阀门、管件之间比例要协调，它们在管段图中的位置的相对比例要协调。如图1-5中的阀门，应清楚地表示它是紧接弯头而且离三通较远。

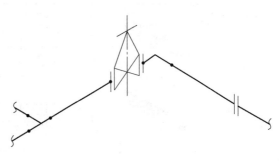

图1-5 轴测图画法

5. 线型

管道一律用粗实线单线绘制。在管道的适当位置上画流向箭头。管件（弯头、三通除外）、阀门、控制点则用细实线以规定的图形符号绘制，相接的设备可用细双点划线绘制，弯头可以不画成圆弧。

管道中除管子外，还有多种管件，包括弯头、三通等。对于常用的管件应该按照 HG/T 20519.4—2009 中规定的图例绘制。无标准图例时，可以采用简单图形画出外形轮廓。常见管件图例如图1-6所示。

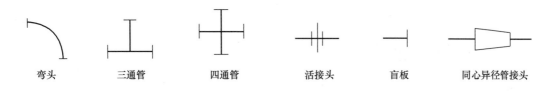

| 弯头 | 三通管 | 四通管 | 活接头 | 盲板 | 同心异径管接头 |

图1-6 管件的画法

6. 部分管件的表示方法

管道上的环焊缝以圆表示。水平走向的管段中的法兰画垂直短线表示，见图1-5。垂直走向的管段中的法兰，一般是画与邻近的水平走向的管段相平行的短线表示。螺纹连接与承插焊连接均用一短线表示，在水平管段上此短线为垂直线，在垂直管段上，此短线与邻近的水平走向的管段相平行，见图1-7。

7. 管道连接的表示方法

两段直管道连接的方式通常有法兰连接、承插连接、螺纹连接和焊接四种，见表1-1。

图1-7 轴测图画法

表 1-1 管道的连接

连接方式	实物图	装配图	规定画法	
法兰连接			单线	—┤├—
			双线	
承插连接			单线	———┤———
			双线	
螺纹连接			单线	———┤———
			双线	
焊接			单线	———•———
			双线	

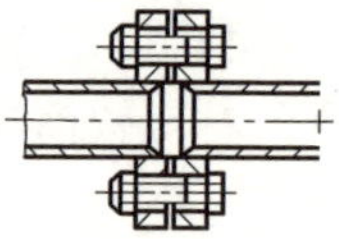

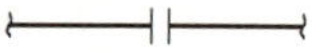

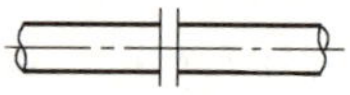

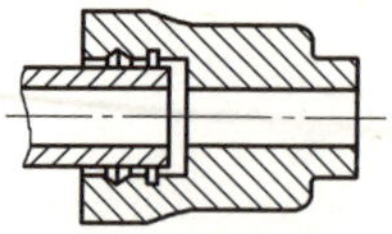

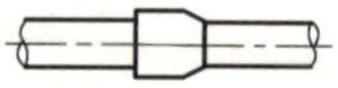

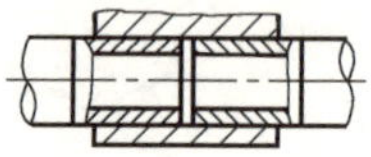

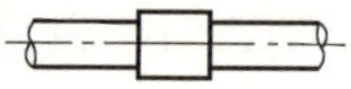

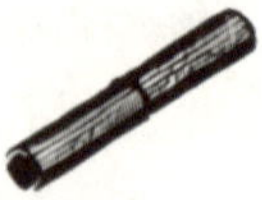

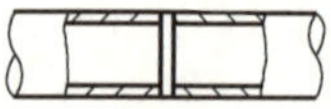

8. 管子、管件图例

管道布置图和轴测图上的管子、管件图例见表 1-2。

表 1-2 管道布置图和轴测图上管子、管件图例

名称		管道布置图	轴测图
管子			
盲法兰	与螺纹、承插焊或松套法兰连接		
	与对焊法兰相接		
同心异径管	螺纹或承插焊	C.R40×25 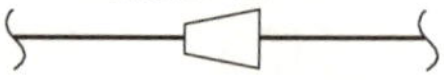	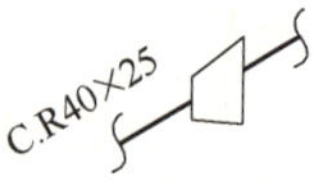 C.R40×25
	对焊	C.R80×50 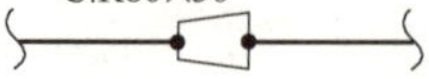	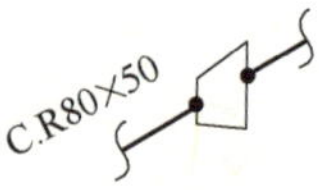 C.R80×50
	法兰式	C.R80×50 	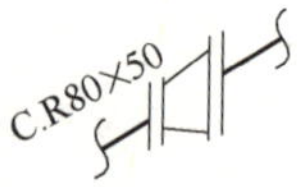 C.R80×50

续表

名称		管道布置图	轴测图
90°弯头	螺纹或承插焊连接	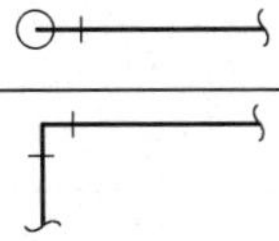	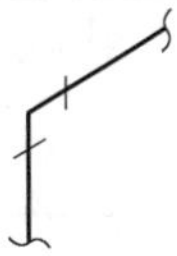
	对焊连接	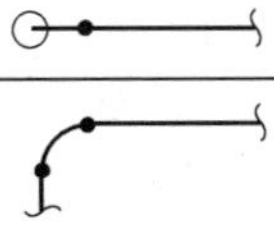	
	法兰连接	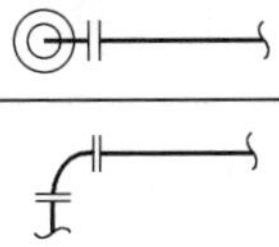	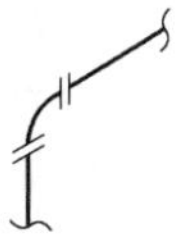
三通	螺纹或承插焊连接	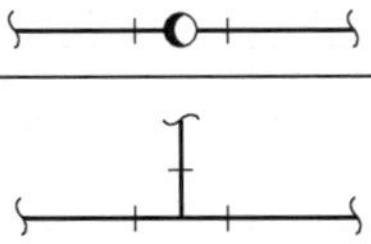	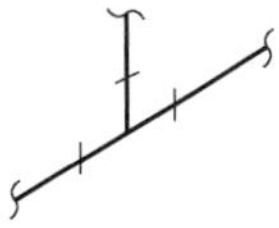
	对焊连接	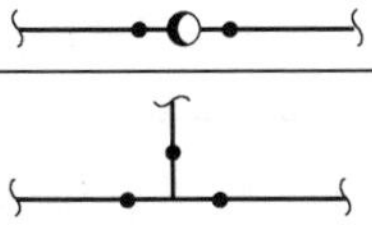	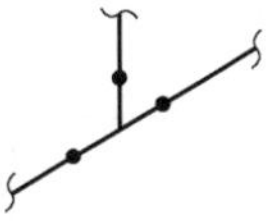
	法兰连接	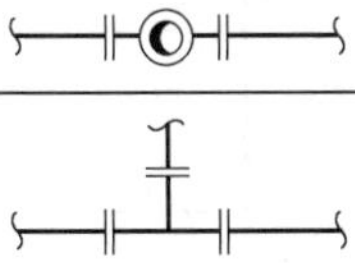	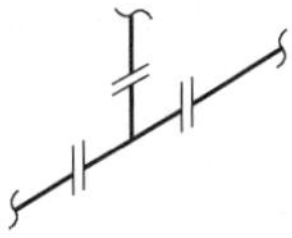
	焊接支管	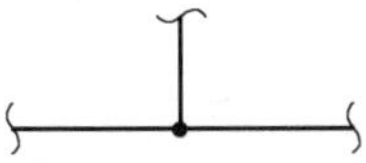	
管帽	螺纹或承插焊连接		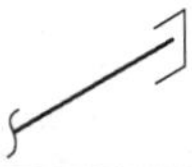
	对焊连接		
	法兰连接		
螺纹或承插焊管接头		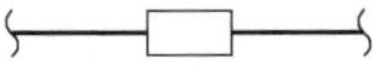	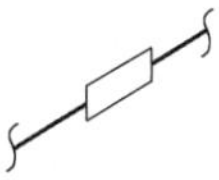
螺纹或承插焊活接头		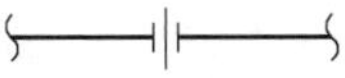	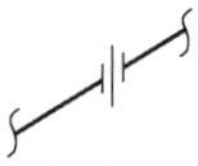
软管接头	螺纹或承插焊连接	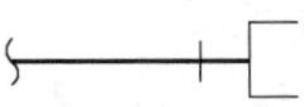	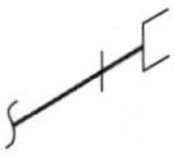
	对焊连接		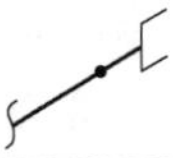

9. 阀门图例

常用阀门在管道中的安装方位，一般应在管道中用细实线画出，如表 1-3 所示。阀门的手轮用一短线表示，短线与管道平行。阀杆中心线按所设计的方向画出。

表 1-3　管道布置图和轴测图中的阀门图例

名称	管道布置图各视图			轴测图
闸阀				
截止阀				
角阀				
节流阀				
"T"型阀				
球阀				
三通球阀				
旋塞阀 （COCK 及 PLUG）				

10. 管架的表示方法

管道通常需要各种形式的管架安装，固定在地面或者构筑物上，管架在管道布置图中用符号表示，并在其旁边标注管架的编号。

（1）管架编号　管架编号由五个部分组成。

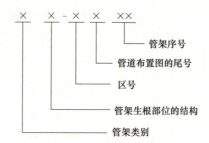

① 管架类别。表 1-4 为管架代号与类别。
② 管架生根部位的结构。表 1-5 为管架生根部位的结构代号与类别。
③ 区号。区号以一位数字表示。
④ 管道布置图的尾号。管道布置图的尾号以一位数字表示。

表1-4 管架代号与类别

代号	类别	代号	类别
A	固定架	S	弹吊
G	导向架	P	弹簧支座
R	滑动架	E	特殊架
H	吊架	T	轴向限位架

表1-5 管架生根部位的结构代号与类别

代号	类别	代号	类别
C	混凝土结构	V	设备
F	地面基础	W	墙
S	钢结构		

⑤ 管架序号。管架序号以两位数字表示，从01开始（应按管架类别及生根部位的结构分别编写）。

（2）管架的表示法 管架的表示法见图1-8。

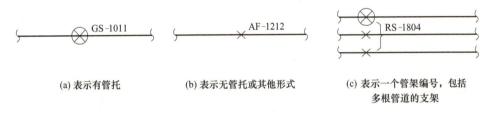

(a) 表示有管托　　(b) 表示无管托或其他形式　　(c) 表示一个管架编号，包括多根管道的支架

图1-8 管架图例

11. 管路轴测图的标注

管路轴测图的尺寸与标注方法如下。

（1）注出管子、管件、阀门等为满足加工预制及安装所需的全部尺寸，以免影响安装的准确性。

① 注出从主要基准点到阀门或管道元件的一个法兰面的距离，如图1-9中的尺寸 A 和标高 B。

② 对调节阀和某些特殊管道元件如分离器和过滤器等，需注出它们法兰面至法兰面的尺寸（标准阀门和管件可不注），如图1-9中的尺寸 C。

③ 定型的管件与管件直接相接时，其长度尺寸一般可不必标注，但如涉及管道或支管的位置时，也应注出，如图1-9中的尺寸 D。

（2）每级管道至少有一个表示流向的箭头，尽可能在流向箭头附近注出管段编号。

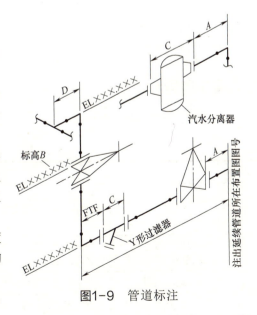

图1-9 管道标注

（3）标高的尺寸单位为 m，其余的尺寸均以 mm 为单位。

（4）尺寸线从管件中心线或法兰面引出，尺寸线与管道平行。

（5）所有垂直管道不注高度尺寸，而以水平管道的标高"EL×××.×××"表示即可。

（6）对于不能准确计算或有待施工时实测修正的尺寸，加注符号"～"作为参考尺寸。对于现场焊接时确定的尺寸，只需注明"F.W"。

（7）注出管道所连接的设备位号及管口序号。

（8）列出材料表说明管段所需的材料、尺寸、规格、数量等。

任务实施

一、绘制管道正等轴测图的基本原则

（1）物体上的直线在正等轴测图中仍为直线。

（2）平行线的轴测投影仍然平行。因此，空间直线平行于某一坐标轴时，其轴测投影与相应的轴测轴平行。

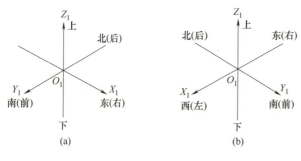

图1-10 正等轴测轴的选定

（3）O_1Z_1 轴一般画成垂直位置，O_1X_1 轴、O_1Y_1 轴可以互换，坐标轴可以反向延长，如图 1-10 所示。

（4）画管线轴测图时，只能在与轴平行的方向上截量长度。

（5）管线一般用单根粗实线表示。

（6）被挡住的管线要断开。

（7）轴测图中的设备，一律用细实线或双点画线表示。

（8）应在轴测图中注明管路内介质性质、流动方向、管线标高、坡度等。

（9）平行于坐标面的圆的正等轴测图是椭圆。

二、操作指导

绘制轴测图的一般步骤见表 1-6。

表1-6 绘制轴测图的一般步骤

序号	步骤	内容
1	图形分析	在已有管道平、立面图的情况下，进行图形分析，弄清各段管线在空间的走向和具体位置及转弯点、分支点、阀门、设备等的位置，建立立体形象，并对管段编号
2	根据管路走向建立坐标系	坐标原点宜选在分支点或转弯点上，定 X_1 轴为左右走向，定 Y_1 轴为前后走向，而 Z_1 轴一定为上下走向
3	逐段画图	从坐标原点开始向外逐渐分支、逐段沿轴向画出每一管段
4	整理	擦去不必要的线条，描深，即得管路轴测图

实战演练　管路轴测图绘制

按照绘制轴测图的一般步骤，画一画图 1-1 的管路轴测图。

巩固练习

1. 常用的轴测图有＿＿＿＿＿＿、＿＿＿＿＿＿两种。
2. 正等轴测图的轴间角为＿＿＿＿＿＿。
3. 应在轴测图中注明管路内的＿＿＿＿＿＿、＿＿＿＿＿＿、＿＿＿＿＿＿、＿＿＿＿＿＿等。
4. 一般管路轴测图按＿＿＿＿＿＿原理进行绘制。
5. 管路轴测图是用来表达一个设备至另一个设备或某区间一段管道的＿＿＿＿＿＿，以及管道上所附管件、阀门、仪表控制点等＿＿＿＿＿＿的立体图样。
6. 两段直管道连接的方式通常有＿＿＿＿＿＿、承插连接、螺纹连接和＿＿＿＿＿＿四种。
7. 水平走向的管段中的法兰画（　　）表示。
   A. 圆　　　　B. 垂直短线　　　　C. 水平短线　　　　D. 平行线
8. 管路轴测图的标高以（　　）为单位。
   A. 毫米　　　B. 厘米　　　　　　C. 分米　　　　　　D. 米
9. 管道连接的表示方法有哪几种？
10. 写出一份完整的轴测图需要包含哪些内容？

任务二　识读管路轴测图

任务描述

小王拿到待施工装置管路轴测图（见图 1-11）后，认真分析，了解各部分的含义，识读完整管路轴测图各部件和空间立体结构，对后续的安装工作了然于心。

1. 了解管道分类。
2. 掌握管道标准和管道标注。
3. 能识读完整管路轴测图各部件和空间立体结构。
4. 通过识读养成细致、认真、严谨的工作态度。

知识准备

一、化工管道概述

化工管道是化工生产中所使用的各种管路的总称，其主要作用是输送和控制流体介质。

化工管道一般由管子、管件、阀门、仪表等按一定的排列方式构成，也包括一些附属于管路的管架、管卡、管撑等辅件。

由于化工管道内的介质通常都具有一定的压力，故化工管道一般属于压力管道的范畴。压力管道是指利用一定的压力，用于输送气体或液体的管状设备。《工业金属管道工程施工规范》GB 50235—2010 中规定，压力管道指最高工作压力大于或者等于 0.1MPa（表压），且公称尺寸大于 25mm，用于输送气体、液化气体、蒸汽介质或者可燃、易爆、有毒、有腐蚀性、最高工作温度高于或者等于标准沸点的液体介质的管道。

二、管道标准

管道的标准化为精确地定位和选择适合特定要求的管道提供了依据，最常用的就是管道的尺寸标准和压力标准。

1. 公称直径 DN

公称尺寸 DN（公称直径或公称通径）：按 GB/T 1047—2019《管道元件　公称尺寸的定义和选用》规定，DN 是用于管道元件的字母和数字组合的尺寸标识。

DN 是管子的名义直径，是为了实现管道标准化而规定的数值。它既不是管子的内径，也不是管子的外径，是接近于内径的圆整值，不代表测定值，也不用于计算。同一公称直径的管子与管路附件均能相互连接，具有互换性。表 1-7 为管道元件公称尺寸 DN 优先选用的数值。

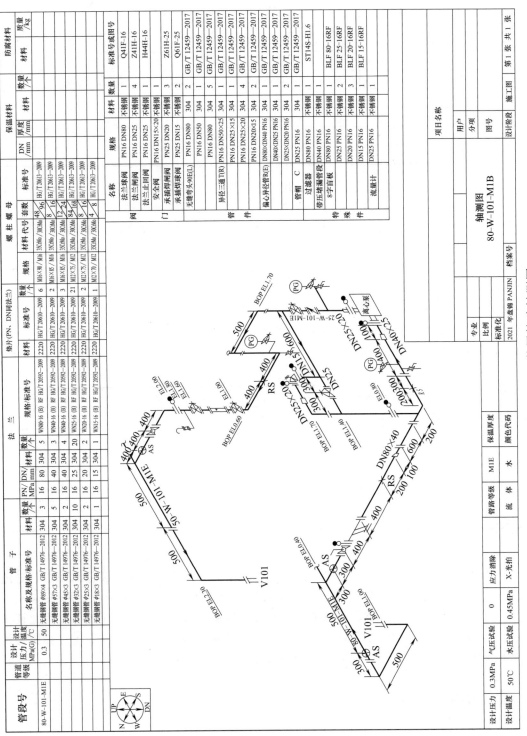

图1-11　A装置管路轴测图

表 1-7　管道元件公称尺寸 DN 优先选用的数值

DN6	DN100	DN700
DN8	DN125	DN800
DN10	DN150	DN900
DN15	DN200	DN1000
DN20	DN250	DN1200
DN25	DN300	DN1400
DN32	DN350	DN1500
DN40	DN400	DN1600
DN50	DN450	DN1800
DN65	DN500	
DN80	DN600	

除了公称直径 DN 外，管子的尺寸还用"φ 外径 × 壁厚"表示，常用于无缝钢管和有色金属管。例如，φ57 mm×3.5 mm 和 φ57 mm×4.5 mm 的无缝钢管，其 DN=50 mm，但其内径分别为 50 mm 和 48 mm。所以，DN 相同的管子，同一管道尺寸体系的外径必定相同，而内径则因壁厚不同而异。

公称直径也可以用英制单位为标准，标注成 NB，单位为英寸（in 或 ″）。"英寸"也会写作"吋"。"吋"是近代新造的字，念作"英寸"。英寸或"吋"，1 英寸 =25.4 毫米。把 1 英寸分成 8 等分。水煤气钢管的公称直径用英寸（in）表示，有 1/8″、1/4″、3/8″、1/2″、3/4″等。

常说的 4 分管是指二分之一英寸管，DN15；6 分管是指四分之三英寸管，DN20。尺寸对应表见表 1-8。

表 1-8　管子的公称尺寸对应表

英制俗称	英制管螺纹规格	公制 DN 规格	英制管外径	公制管外径
1 分	G1/8″	DN6	10.5 mm	10 mm
2 分	G1/4″	DN8	14.1 mm	12 mm
3 分	G3/8″	DN10	17.2 mm	14 mm
4 分	G1/2″	DN15	21.3 mm	18 mm
6 分	G3/4″	DN20	26.9 mm	25 mm
1 寸	G1″	DN25	33.7 mm	32 mm

2. 公称压力 PN

按 GB/T 1048—2019《管道元件　公称压力的定义和选用》规定，公称压力，与管道系统元件的力学性能和尺寸特性相关的字母和数字组合的标识，由字母 PN 或 Class 和后跟的无量纲数字组成。其数值、材料及最高允许工作温度等决定了管道元件的最大允许工作压力。公称压力 PN 的单位为 MPa（以 MPa 值的十倍计入）。如：PN40 表示公称压力为 4 MPa。具有相同 PN 数值的所有管道元件和与其相配的法兰具有相同的配合尺寸。

三、管道分类与分级

1. 管道的分类

（1）按管材分类　金属管道，常用材质有铸铁、碳素钢、合金钢和有色金属；非金属管道，常用材质有塑料、橡胶、陶瓷、水泥等。

（2）按输送介质压力分类　根据《工业金属管道工程施工规范》GB 50235—2010 的规定，管道的压力分级见表1-9。

表 1-9　管道的压力分级

级别名称	压力 p/MPa
真空管道	< 0
低压管道	$0 \leqslant p < 1.6$
中压管道	$1.6 \leqslant p < 10$
高压管道	$10 \leqslant p \leqslant 100$
超高压管道	$p > 100$

（3）按输送介质温度分类　工业管道按介质温度分类见表1-10。

表 1-10　工业管道按介质温度分类

分类名称	介质工作温度 t/℃
低温管道	< -20
常温管道	$-20 \sim 200$
高温管道	> 200

（4）按输送介质的种类分类　水管、蒸汽管、气体管、油管及输送酸、碱、盐等腐蚀性介质的管道。

2. 管道的分级

根据《压力管道规范　工业管道》GB/T 20801—2020 划分：长输管道（GA 类）、公用管道（GB 类）、工业管道（GC 类）、动力管道（GCD 类）等。这主要是根据管道的用途和地域特性进行的分类，也可以按《石油化工有毒、可燃介质钢制管道工程施工及验收规范》（SH 3501—2021）划分。

四、管道的标注

管道应标注的内容为四个部分，即管段号（由三个单元组成）、管径、管道等级和绝热（或隔声），总称为管道组合号。管段号和管径为一组，用一短横线隔开；管道等级和绝热（或隔声）为另一组，用一短横线隔开，两组间留适当的空隙。表示如下：

```
PG   13   10—300    A1A—H
第   第   第   第    第   第
1    2    3    4     5    6
单   单   单   单    单   单
元   元   元   元    元   元
```

也可将管段号、管径、管道等级和绝热（或隔声）代号分别标注在管道的上下（左右）方，如下所示：

$$\frac{PG1310-300}{A1A-H}$$

（1）第 1 单元为物料代号，按物料的名称和状态取其英文名词的字头组成物料代号。

一般采用 2～3 个大写英文字母表示。常用物料代号见表 1-11。

表 1-11　常用物料代号

代号	物料	代号	物料
PA	工艺空气	LS	低压蒸汽
PL	工艺液体	SC	蒸汽冷凝水
PG	工艺气体	CWR	循环冷却水回水
PS	工艺固体	CWS	循环冷却水上水
PW	工艺水	SW	软水
AR	空气	DNW	脱盐水
IA	仪表空气	NG	天然气
CA	压缩空气	LPG	液化石油气
HS	高压蒸汽	LNG	液化天然气
MS	中压蒸汽	AL	液氨
LO	润滑油	HO	导热油

（2）第 2 单元为主项编号，按工程规定的主项编号填写，采用两位数字，从 01 开始，至 99 为止。

（3）第 3 单元为管道序号，相同类别的物料在同一主项内以流向先后为序，顺序编号。采用两位数字，从 01 开始，至 99 为止。

以上三个单元组成管段号。

（4）第 4 单元为管道规格，一般标注公称直径，以 mm 为单位，只注数字，不注单位。如 DN200 的公制管道，只需标注"200"，2 英寸的英制管道，则表示为"2″"。

（5）第 5 单元为管道等级，管道材料等级号由下列三个部分组成。

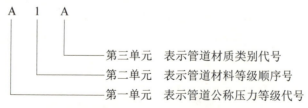

① 第一单元为管道的公称压力等级代号，用大写英文字母表示。A～G 用于 ASME（美国机械工程师学会）标准压力等级代号，H～Z 用于国内标准压力等级代号，见表 1-12。

表 1-12　管道公称压力等级代号

ASME 标准压力等级代号		国内标准压力等级代号			
代号	压力等级	代号	压力等级	代号	压力等级
A	150LB（2 MPa）	H	0.25 MPa	R	10.0 MPa
B	300LB（5 MPa）	K	0.6 MPa	S	16.0 MPa
C	400LB（7 MPa）	L	1.0 MPa	T	20.0 MPa
D	600LB（11 MPa）	M	1.6 MPa	U	22.0 MPa
E	900LB（15 MPa）	N	2.5 MPa	V	25.0 MPa
F	1500LB（26 MPa）	P	4.0 MPa	W	32.0 MPa
G	2500LB（42 MPa）	Q	6.4 MPa		

② 第二单元为管道材料等级顺序号，用阿拉伯数字表示，由 1～9 组成。在压力等级和管道材质类别代号相同的情况下，可以有九个不同系列的管道材料等级。

③ 第三单元为管道材质类别代号，用大写英文字母表示，见表 1-13。

表 1-13　管道材质类别代号

代号	管道材质	代号	管道材质
A	铸铁	E	不锈钢
B	碳钢	F	有色金属
C	普通低合金钢	G	非金属
D	合金钢	H	衬里及内防腐

（6）第 6 单元为绝热或隔声代号，按绝热及隔声功能类型的不同，以大写英文字母作为代号，见表 1-14。

表 1-14　绝热及隔声代号

代号	功能类型	备注
H	保温	采用保温材料
C	保冷	采用保冷材料
P	人身防护	采用保温材料
D	防结露	采用保冷材料
E	电伴热	采用电热带和保温材料
S	蒸汽伴热	采用蒸汽伴管和保温材料
W	热水伴热	采用热水伴管和保温材料
O	热油伴热	采用热油伴管和保温材料
J	夹套伴热	采用夹套管和保温材料
N	隔声	采用隔声材料

任务实施

一、管路轴测图的识读方法

管路轴测图与管道布置图相比，更为清晰明了，也更易读易懂。识读时，只要结合方向标、材料表，就可以了解这一段管路上管件、阀门的规格、数量、安装形式及管路的走向。

（1）识读标题栏与材料表，概括了解管路轴测图的情况。

（2）分析管道的走向。根据方向标，分析各段管道的走向、基准、标高等。

（3）细读管道标号、各部分尺寸、管道的固定方法。

（4）分析管道的构成，了解管件、阀门的尺寸、形式。

（5）了解管道的连接方法。

二、识读指导

以轴测图一段为例,识读图中所有信息,识读步骤见表1-15。

表1-15 轴测图(局部)识读步骤

举例:轴测图

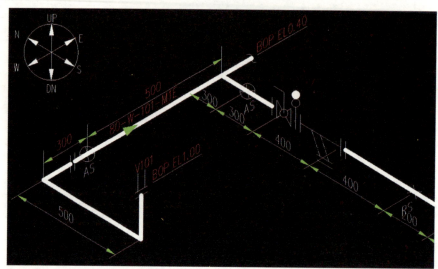

识读步骤	信息内容
1. 主设备管件	储罐(位号:V101)、球阀、8字盲板、Y型过滤器
2. 管道标注	编号80-W-101-M1E:表示管道编号为101的水管(W),公称直径为80 mm,按照国内压力等级代号,M为1.6 MPa,管道材质为304不锈钢
3. 安置位置	BOP EL1.00:表示管道底部标高1 m。若为EL1.00,则表示所标设备(这里是储罐)标高1 m
4. 固定方式	两处固定支架(),一处移动支架()
5. 连接方式	均为法兰连接()
6. 走向与尺寸	储罐连接管道向下0.6 m,向北0.5 m,再向东0.8 m,最后向南1.6 m(仅图中所示)
7. 其他信息	见轴测图中材料表等内容(略)

注意! 识读过程中要认真仔细,按照一定顺序读取,以防遗漏信息。

实战演练 管路轴测图识读

见本书工作页,项目一 管路轴测图识读。

管路轴测图

巩固练习

1. 化工管道一般由_____、_____、_____和_____等组成。
2. 管道标注中物料代号 PW 表示_____，CA 表示_____，LPG 表示_____。
3. 判断：工作温度为 -1.6 ℃ 的管道为低温管道。（   ）
4. 判断：DN80 指管子的外径是 80 cm。（   ）
5. 高温管道是指温度高于（   ）℃ 的管道。
   A. 30   B. 350   C. 450   D. 500
6. 一般化工管道由管子、管件、阀门、支管架、（   ）及其他附件所组成。
   A. 化工设备   B. 化工机器   C. 法兰   D. 仪表装置
7. 管道标注的内容由哪几部分组成？
8. 识读下列轴测图，将获得的信息用文字表述。

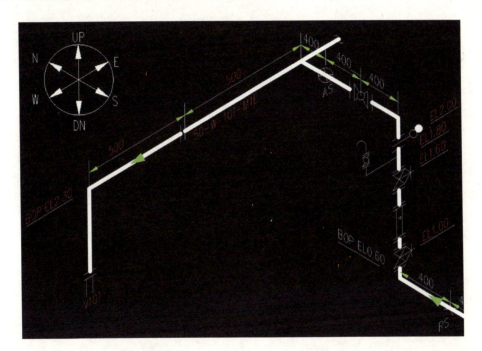

学习情境二
材料准备

情境描述

某石油化工企业的管道改造项目的施工图纸已经经过了交底、确认,小王所在班组需要对工程所需材料进行整理,形成采购清单。对其中的标准件做好采购准备,非标准零件进行加工,做好材料方面的准备。

任务一　材料表的识读

任务描述

小王已经拿到施工图纸，对图纸材料表（表 2-1）的内容进行分析，主要了解材料的分类、性能。根据材料表（表 2-1）信息整理采购清单，为下一步采购做好准备。

表 2-1　材料表

编号	名称规格	材料	标准型号及参考标准	数量	单位	备注
1	无缝钢管 $\phi 25$ mm×3.5 mm	20#	GB/T 8163—2018	0.5	米	
2	无缝钢管 $\phi 57$ mm×4.0 mm	20#	GB/T 8163—2018	40	米	
3	承插焊楔式闸阀 DN20、PN25	碳钢	Z61H-25	1	个	
4	法兰闸阀 DN50、PN25	碳钢	Z41H-25	2	个	
5	钢制截止阀 DN50、PN25	碳钢	J41H-25	1	个	
6	90°长半径弯头 90E（L）-DN50（Ⅱ系列）-4.0	20#	GB/T 12459—2017	10	个	
7	异径三通 T（R）-DN50×20（Ⅱ系列）-4.0×3.5	20#	GB/T 12459—2017	1	个	
8	等径三通 T（S）-DN50（Ⅱ系列）-4.0	20#	GB/T 12459—2017	2	个	
9	带颈对焊钢制管法兰 WN 50（B）-25 RF S=4.0	20#	HG/T 20592—2009	9	个	
10	金属缠绕式垫片 C50-25	1220	HG/T 20610—2009	9	个	
11	螺母 M16	30CrMo	HG/T 20613—2009	72	个	
12	全螺纹螺栓 M16×90	35CrMo	HG/T 20613—2009	36	个	
13	调节阀	碳钢	—	1	个	详见仪表图纸
14	螺纹管帽 DN20-3000LB	20#	GB/T 14383—2021	1	个	

学习目标

1. 了解材料的分类。
2. 能说出不同材料的性能。
3. 能说出材料的牌号含义。
4. 能够读懂材料表。
5. 能够根据材料表填写材料采购表。
6. 通过填写材料采购表，培养细致、认真的工作态度。

知识准备

化工装置中管道、容器、反应器、换热器、泵等设备的选材一般由实际工作条件来确定。现代材料技术提供了各种各样的材料，例如钢、铸铁、铝、铜、塑料、橡胶、陶瓷等。每种材料具有不同的特性，性能不同，使用的场合也不同。只有对材料全面了解，才能正确选择适用于化工生产装置的材料。

一、工程材料的分类

基于材料的多样性，工程材料根据其成分或特征进行分类。

工程材料主要分为三大类：金属材料、非金属材料和复合材料。凡是由金属元素或以金属元素为主构成的、具有金属特性的物质称为金属材料；由两种或两种以上不同性质或不同组织的材料组合而成的材料称为复合材料；除金属材料和复合材料外的所有材料称为非金属材料。

金属材料应用最广，占全部结构材料、零件材料和工具材料的90%左右。具体分类见图2-1。

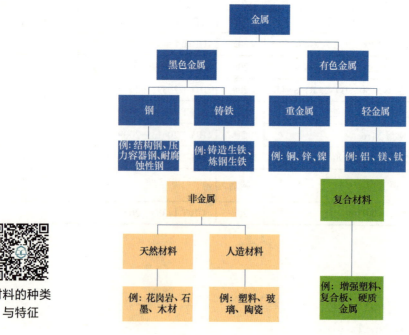

材料的种类与特征

图2-1 工程材料的分类

二、辅助材料的分类

化工设备运行辅助材料见图2-2。

为了保证化工设备和机器的正常运行和维护保养，往往需要额外的辅助材料和能源。这些辅助材料和能源的分类见图2-3。

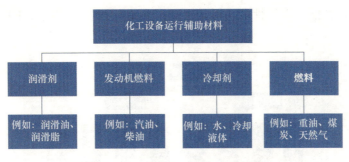

图2-2　化工设备运行辅助材料

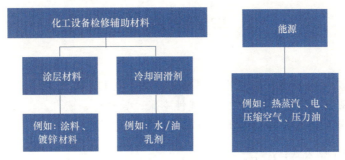

图2-3　化工设备检修辅助材料和能源

三、材料的用途

（1）钢　钢是铁基材料，拥有高强度和高硬度，可生产管道、阀门、机械部件和支承结构等。

（2）铸铁　铸铁材料具有良好的铸造性能，较重、硬度高，具有减振作用，用于铸造生产出难以成形的部件，例如：管路弯头、配件和泵壳等。

（3）重金属（密度＞5 kg/dm^3）　重金属有铜、锌、铬、镍等。使用时主要考虑材料特性。

① 由于具有良好的导电性，将铜加工为电机绕组线和电源线。

② 由于具有耐腐蚀性，铬和镍用作钢中的合金元素。

（4）轻金属　轻金属有铝、镁和钛等。这些轻金属拥有较好的强度和导热性，主要应用领域是轻质部件、耐腐蚀部件和运输容器。

（5）天然材料　天然材料是天然存在的物质，如硬岩（花岗岩）、木材，往往有特殊用途。花岗岩可用作试验台的面板，木材可用作重型机械安装时的底板。

（6）人造材料　人造材料包括多种类别的塑料、玻璃和陶瓷。塑料质量轻、绝缘，其硬度和坚固程度可与橡胶相媲美。塑料用途非常广泛，从液体容器到齿轮箱部件均能应用。

（7）复合材料　复合材料由多种材料组成，是将各种材料的优良性能结合起来的一种新材料。例如玻璃纤维增强塑料（GFRP）强度高、质量轻，这是因为其成分中含有玻璃纤维（强度高）和塑料（质量轻）。

硬质合金是另一种复合材料，其拥有硬质颗粒的硬度和金属钴的韧性。

四、材料的性能

材料的性能分为使用性能和工艺性能。使用性能包括物理性能、化学性能和力学性能，工艺性能包括铸造性能、锻压性能、焊接性能、热处理性能和切削加工性能。具体分类见图2-4。

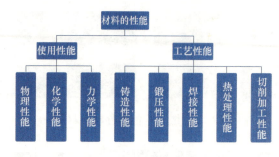

图2-4 材料的性能

1. 使用性能

（1）物理性能　物理性能描述的是材料的特性，与材料的形状无关。表明材料物理性能的量主要包括密度、熔点、导电性、热线性膨胀、导热性、磁性。

① 密度。材料的密度是材料的质量 m 与其体积 V 之比。

密度（ρ）的计算公式：$\rho=\dfrac{m}{V}$

我们可以把密度形象地想象为一个边长 1m 的正方体的质量。固体和液体密度的单位是 kg/m^3、g/cm^3 或 t/m^3，气体密度的单位是 kg/m^3。材料的密度见表2-2。

表2-2 材料的密度

材料	密度/（kg/m^3）	材料	密度/（kg/m^3）
水	1.0×10^3	铁	7.8×10^3
镁	1.7×10^3	铜	8.9×10^3
铝	2.7×10^3	铅	11.3×10^3
钛	4.5×10^3	钨	19.3×10^3

空气（0℃，1atm）：密度 1.29kg/m³

② 熔点。熔点是一种材料在一定条件下，从固体开始熔化成液体时的温度。材料的熔点见表2-3。

表2-3 材料的熔点

材料	熔点/℃	材料	熔点/℃
锡	232	铜	1083
铅	327	铁	1536
铝	658	钨	3387

熔点的温度单位是摄氏度（℃）或华氏度（℉）。

纯金属都有一个准确的熔点。金属混合物（合金）则有一个熔点范围。

③ 导电性。一种材料的导电性是指其传导电流的能力。良好的电导体是银、铜和铝，它们都用作导体材料。通常把不能导通电流的材料称为绝缘材料，属于这类材料的有塑料、

陶瓷和玻璃。

④ 热线性膨胀。热线性膨胀是每米物体在温度变化为1℃时的纵向变形。

⑤ 导热性。导热性是一种材料传导进入其体内热能的能力。金属具有高导热性，特别是铜、铝和铁以及钢。导热性低的材料有塑料、玻璃和空气，因此它们用作阻热材料。

（2）化学性能　化学性能涉及的是环境影响因素和腐蚀性介质以及高温等所施加和改变材料的作用。金属的化学性能如图2-5所示。

图2-5　金属的化学性能

① 耐热性。耐热性对暴露于高温的零件、管路和设备是非常重要的。例如非合金钢的最高耐热温度为400℃，如果加热至高于该温度，则会与空气中的氧气发生氧化反应。

② 耐腐蚀性。指材料在潮湿的空气、污水或其他侵蚀性物质破坏性作用下的特性。我们把通过化学和电化学过程从表面开始对材料的破坏称为腐蚀。耐腐蚀的材料有不锈钢以及铜、铝、钛材料等。对潮湿空气或工业环境不耐侵蚀的材料有非合金钢、低合金钢以及铸铁，它们会生锈。通过表面处理、刷涂漆或涂层等方法，可以在长时期内避免腐蚀。

③ 抗氧化性。是材料在高温下的反应性能。

④ 可燃性。金属材料在正常情况下不可燃。在使用塑料时，需特别注意其可燃性。

（3）力学性能　材料在外力作用下所表现出来的性能称为力学性能。力学性能包括强度、塑性、硬度、韧性、疲劳等。

① 强度。反映材料在外力作用下抵抗永久变形和断裂的能力，是衡量零件本身承载能力，即抵抗失效能力的重要指标。

② 塑性。反映材料在外力作用下发生塑性变形的能力。由于材料具有一定的塑性，不致因稍有超载而突然破断。低碳钢的塑性较大，可进行压力加工；普通铸铁的塑性很差，不能进行压力加工，但能进行铸造。

③ 硬度。反映材料抵抗比它更硬物体压入其表面的能力。硬度是衡量金属材料软硬程度的一项重要性能指标。常用的硬度试验指标有布氏硬度和洛氏硬度两种。布氏硬度用HB表示，洛氏硬度常用HRC表示。

④ 冲击韧性。以很快的速度作用于工件上的载荷称为冲击载荷。材料抵抗冲击载荷作用而不被破坏的能力称为冲击韧性。工程上常用一次摆锤冲击弯曲试验来测定材料抵抗冲击载荷的能力，材料的冲击韧性随温度的降低而减小，材料呈现脆性。对于低温工作的设备来说，其选材应注意韧性是否足够。

⑤ 疲劳。许多机械零件，如各种轴、齿轮、弹簧等，经常在交变应力下工作。这种交变应力常常会使材料在一处或几处产生永久性累积损伤，经过一定循环次数后产生裂纹或突然发生断裂，称为材料的疲劳。疲劳具有很大的危险性，常常造成严重事故。

2. 工艺性能

工艺性能是指金属材料对不同加工工艺方法的适应能力。

（1）铸造性能　将熔化的金属浇注到铸型的型腔中，待其冷却后得到毛坯或直接得到零件的加工方法称为铸造。铸件质量占整体质量的50%～80%。可铸性材料有铸铁、铸钢、塑料。

(2) 锻压性能　锻压是指锻造和板料冲压。锻造是指金属加热后，用锤或压力机使其产生塑性变形，从而获得具有一定形状、尺寸和力学性能的毛坯或零件的加工方法。锻造广泛用于机床、汽车、拖拉机、化工机器中，如齿轮、连杆、曲轴、刀具、模具等的加工。钢能锻造，铁不能锻造。板料冲压是指板料在机床压力作用下，利用装在机床上的冲模使其变形或分离，从而获得毛坯或零件的加工方法。

(3) 焊接性能　焊接是一种永久连接金属材料的工艺方法。通过局部加热、加压或加热同时加压的方法，使分离金属借助原子间结合与扩散作用而连接起来的工艺方法，其应用广泛，例如：低碳钢、低合金钢、铝合金等的焊接。

(4) 热处理性能　热处理性能是指一种材料，通过有目的的热处理，可提高其硬度和强度的能力。

(5) 切削加工性能　金属切削加工是利用金属切割工具从金属坯件上切去多余金属，从而获得成品或半成品金属零件的加工方法。常用的机械加工有：车削、镗削、刨削、铣削及磨削加工等。

五、金属材料的命名

铸铁和钢统称为黑色金属，铁元素是它的主要成分，还含有一定量的碳及其他微量金属元素。含碳量小于2.11%（质量分数）的铁碳合金称为钢，含碳量为2.11%～6.69%（质量分数）的铁碳合金称为铸铁。

1. 碳钢

按钢的含碳量可分为：低碳钢（含碳量＜0.25%）、中碳钢（含碳量0.25%～0.6%）、高碳钢（含碳量＞0.6%）。

按钢的硫、磷含量可分为：普通碳素结构钢（S≤0.05%，P≤0.045%），优质碳素结构钢（S≤0.035%，P≤0.035%）和高级优质碳素结构钢（S≤0.025%，P≤0.025%）。S、P是钢中的有害元素。

(1) 普通碳素结构钢（简称：普碳钢）　化学成分：含硫量≤0.05%，含磷量≤0.045%。优点：塑性好。所以，其焊接性能、冲压性能都好。缺点：强度低。

例：Q235-AF为普通碳素结构钢，Q235表示材料的屈服强度数值不小于235 MPa，质量等级为A级，F为沸腾钢。

(2) 优质碳素结构钢（简称：优质碳钢）　化学成分：含硫量≤0.035%，含磷量≤0.035%。常用于制造比较重要的机械零件，一般要进行热处理。

牌号用两位数字表示，数字代表该钢的平均含碳量为万分之几。

例如20#：含碳量为万分之二十即0.2%的优质碳钢，管子、弯头、三通通常使用20号钢，焊接性能好，不易产生冷裂缝或热裂缝。45#：含碳量为万分之四十五即0.45%的优质碳钢，法兰通常使用45号钢，强度高，螺栓受力后不易变形。

(3) 铸钢　特点：可用于铸造毛坯；适用于尺寸较大、形状复杂、要求较高的零件。

牌号：ZG + σ_s（屈服强度）+ σ_b（抗拉强度）

例如ZG200-400：铸钢，屈服强度为200 MPa，抗拉强度为400 MPa。

2. 合金钢

为改善钢的力学、工艺或者物理性能，在碳素结构钢中加入合金元素所形成。合金钢按用途可分为合金结构钢、合金工具钢和特殊性能钢三类。Ni、Cr、Mo、Ti、Mn、Si、V 是钢中的有益元素。

（1）合金结构钢　合金结构钢牌号用数字和合金元素符号表示。最前面的数字表示含碳量（万分之几），合金元素后面数字为其含量（%），合金元素含量<1.5%时，数字省略。合金钢牌号后面加 A，则表示优质。

如 60Si2Mn：平均含碳量为 0.6%，Si 的含量为 2%，Mn 的含量＜1.5%。

（2）合金工具钢　合金工具钢是在碳素工具钢的基础加入少量合金元素（Si、Mn、Cr、V 等）制成的。合金工具钢常用来制造各种量具、模具和刀具等。

合金工具钢的牌号表示方法为：平均含碳量≥1%时，钢号中不标出；平均含碳量＜1时，则以千分之几（一位数字）表示。

（3）特殊性能钢　含有较多合金元素，并且有某些特殊物理、化学性能的合金钢，常用的有不锈钢、耐热钢等。

不锈钢和耐热钢牌号中第一个数字表示平均含碳量的千分之几，合金元素符号后的数字表示该合金元素平均含量的百分之几。

例如：1Cr13 表示含碳量为 0.1% 左右，含 Cr 量为 13%。

不锈钢是指在空气中耐腐蚀的钢。钢中的主要合金元素是铬和镍。一般含铬量不低于 12.5% 才具有良好的耐蚀性能，适用于化工设备中的吸收塔、贮槽、化工管道和容器等。

常用的不锈钢：1Cr13、1Cr18Ni9、1Cr18Ni9Ti、SUS304、SUS316L 等。

耐热钢是在高温下不发生氧化并具有较高强度的钢。钢中常含有较多铬和硅，以保证具有高的抗氧化性和高温下的力学性能。耐热钢用于制造在高温条件下工作的零件，如化工、炼油中的塔件、炉管、高温高压管、工业锅炉、汽轮机、内燃机等，常用的耐热钢有 1Cr13Si13、4Cr10Si2Mo、1Cr17Al4Si。

3. 铸铁

铸铁优点是熔点较低，流动性好，可以铸造形状复杂的大小铸件。缺点是脆性大，不宜焊接和锻压。常见的有：灰口铸铁、球墨铸铁、可锻铸铁等。牌号：HT150 表示抗拉强度为 150MPa 的灰口铸铁。

4. 有色金属

非铁金属材料是指除钢铁以外的其他金属，统称为有色金属。有色金属及其合金种类很多，具有许多特殊性能，如导电性和导热性好、密度低、摩擦系数小，在空气、海水以及酸碱介质中耐腐蚀性好等。

有色金属材料种类繁多，常用的有铝及其合金、铜及其合金、钛及其合金、轴承合金等。

实战演练　材料采购清单整理

见本书工作页，项目二　材料采购清单整理。

拓展阅读

科技带动材料发展，新材料促进科技进步，新型材料产业已成为国民经济的先导产业。当前的研究热点和技术前沿包括：柔性晶体管、光子晶体、SiC、GaN、ZnSe等宽禁带半导体材料为代表的第三代半导体材料、有机显示材料以及各种纳米电子材料等。新型钢铁材料发展的重点是高性能钢铁材料，其研究方向为高性能、长寿命，在质量上已向组织细化和精确控制、提高钢材洁净度和高均匀度方向发展。新型化工材料主要包括有机氟材料、有机硅材料、高性能纤维、纳米化工材料、无机功能材料等。纳米化工材料和特种化工涂料精细化、专用化、功能化成了化工材料工业的重要发展趋势。

巩固练习

1. 材料可分为_____、_____、_____三类。
2. 化工用钢管最有可能的材料是（   ）。
   A. Q235-AF   B. 20   C. T8   D. ZG200-400
3. 以综合力学性能为主进行选材时，要求材料有较高的（   ）、一定的塑性和韧性。
   A. 强度   B. 耐蚀性   C. 耐磨性   D. 耐热性
4. 普通、优质和高级优质碳钢划分的依据是（   ）。
   A. 力学性能的高低   B. 含碳量的多少
   C. 硫、磷含量的多少   D. 锰、硅含量的多少
5. 以下材料中属于不锈钢的是（   ）。
   A. Q235-A   B. 38CrMoAlA
   C. W18Cr4V   D. 1Cr19Ni9
6. 说说重金属与轻金属的区别，分别列举出三种重金属和三种轻金属。

任务二　金属材料加工

任务描述

小王在收集和整理管路采购清单的过程中，发现有一管箍遗漏，未在采购清单中，需要现场制作。经过分析，小王决定请教企业工程师，根据图纸（图2-6）要求，选择普通碳素钢进行加工。加工过程中要考虑管箍的材料、尺寸、加工方法、工序、工具、量具、作业安全等。

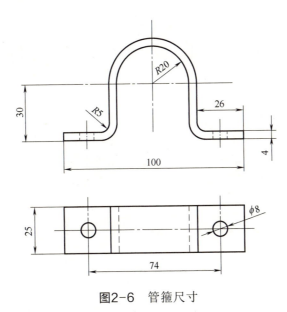

图2-6　管箍尺寸

学习目标

1. 了解零件的常用加工方法。
2. 了解机械零件图的内容及加工技术要求。
3. 掌握零件加工的工具和量具的使用方法。
4. 能够对零件尺寸进行测量。
5. 能够正确使用常用加工工具。
6. 能够进行锯切、划线、锉削、冲眼、钻孔等操作。
7. 通过完成金属零件的加工，确保操作安全，环境整洁，提高安全意识。

知识准备

机器设备都是由若干零部件组成的，大多数零件是用金属材料制成的。化工管路系统中的管道组成件、管道支撑件等，也是由金属材料加工而成。

随着科技进步，零件的加工方法不断改进，加工水平不断提高，一部分零件已经能用精密铸造、冷冲压或特种加工等方法制造，但绝大部分零件还是要进行传统的金属切削加工。利用简单的工具，在台虎钳上进行操作，可以得到形状复杂、质量要求高的手工加工零件。

手工加工零件的方法通常包括划线、锯削、锉削、冲眼、錾削、钻孔等。

一、划线

划线是在毛坯或工件上，用划线工具划出待加工部位的轮廓线或作为基准的点、线。划线的作用主要是确定工件上各加工面的加工位置和加工余量。划线操作应做到线条清晰、粗细均匀，尺寸误差不大于 ±0.3 mm。

1. 划线的分类

（1）平面划线　只需在工件的一个平面上划线，称为平面划线。

（2）立体划线　需在工件几个不同方向的表面上同时划线，才能明确表示出加工界线的，则称为立体划线。

2. 划线的作用

（1）确定工件上各加工面的加工位置和加工余量。

（2）可全面检查毛坯的形状和尺寸是否符合图样，是否满足加工要求。

（3）当在坯料上出现某些缺陷时，往往可通过划线来补救。

（4）在板料上按划线下料，可做到正确排料，合理使用材料。

3. 划线工具及使用

（1）钢直尺　钢直尺的两直边为工作边，主要用于量取尺寸、测量工件或作为刻划线的导向。

（2）划线平板　作划线的基准平面。用铸铁制成，表面经过精刨或刮削加工。它的工作表面是划线及检测的基准。

（3）划针　由弹簧钢或工具钢制成，直径 3～5 mm，尖端磨成 15°～20° 的尖角，经淬火处理。见图 2-7。

使用要点：针尖要紧靠导向工具的边缘，上部向外侧倾斜 15°～20°，向划线移动方向倾斜 45°～75°，划线时要尽量做到一次划成。见图 2-8。

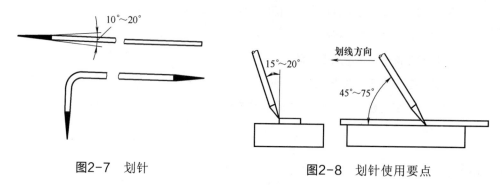

图 2-7　划针　　　　　图 2-8　划针使用要点

（4）划规　由中碳钢或工具钢制成，两脚尖部淬火磨锐，用来划圆和圆弧、等分线段、等分角度以及量取尺寸等。

使用要点：划规两脚的长短要磨得稍有不同，两脚合拢时能靠紧，划圆时，作为旋转中心的一脚应加以较大的压力，另一脚则以较轻的压力在工作表面上划出圆或圆弧，见图2-9。

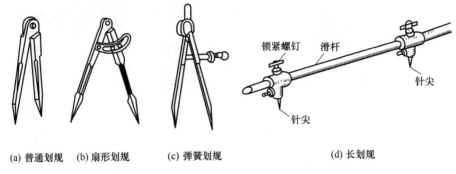

图2-9 划规及使用要点

（5）划线盘 直接划线或找正工件位置的工具。一般情况下，划针的直头用来划线，弯头用来找正工件。

（6）游标卡尺 它是比较精密的量具及划线工具。它安装有高硬度划线头，划线时，通过调整不同的高度值，可带动划线头划出不同的高精度尺寸线，如图2-10所示。

（7）90°角尺 划线时常用作划平行线、垂直线的导向工具，也可用来找正工件在划线平台上的垂直位置，如图2-11所示。

（8）样冲 用于在工件所划的加工线条上打样冲眼，作为界限标志或作为划圆弧或钻孔时的定位中心。一般用工具钢制成，尖端淬硬。顶尖角用于标记时取40°，用于定心时取60°。使用时，先将样冲对准冲眼位中心，然后再将样冲扶正并一次锤击成形。如图2-12所示。

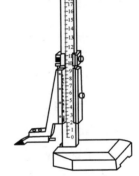

图2-10 高度游标卡尺

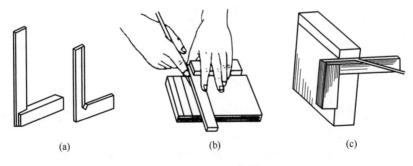

图2-11 90°角尺

4. 划线步骤

（1）看清、看懂图样，详细了解工件上需要划线的部位，明确工件及其划线有关部分的作用和要求，了解有关的加工工艺。

（2）选定划线基准。

（3）初步检查毛坯的误差情况，给毛坯涂色。

（4）正确安放工件和选用划线工具。

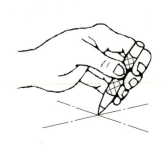
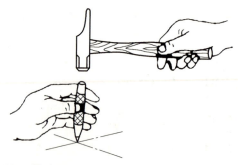

图2-12 样冲

（5）划线。

（6）详细对照图样检查划线的准确性，看是否有遗漏的地方。

二、锯削

锯削是利用手用钢锯对较小的材料和工件进行分割或切槽的操作，是用手锯对材料或工件进行切断或切槽的加工方法。锯是一种带有许多连续排列锯齿的多刃刀具。如图2-13所示。

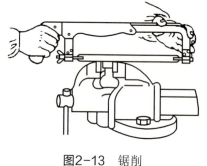

图2-13 锯削

1. 手锯构造

常用的手锯由锯弓和锯条构成。

（1）锯弓　常用的钢板制锯弓有活动式和固定式两种，见图2-14。

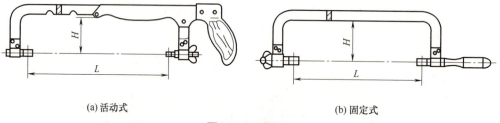

(a) 活动式　　　　　(b) 固定式

图2-14 锯弓

（2）锯条　锯条长度是以两端安装孔的中心距来表示的。锯条的许多锯齿在制造时按一定的规则左右错开，排列成一定的形状。

一般用渗碳软钢冷轧而成，也有的用碳素工具钢或合金钢制成，并经热处理淬硬。锯条长度是以两端安装孔的中心距来表示的，常用的为300 mm。锯条根据齿距不同分为粗齿、中齿、细齿三种。具体选用见表2-4。

表2-4　锯条的选用

锯齿规格	适用材料
粗齿（齿距为1.4～1.8 mm）	低硬度钢、铝、纯钢及较厚工件
中齿（齿距为1.2 mm）	普通钢材、铸铁、黄铜、厚壁管子、较厚的型钢等
细齿（齿距为0.8～1 mm）	硬质金属、小而薄的型钢、板料、薄壁管子等

2. 锯削操作

（1）锯条的安装　锯条安装应使齿尖的方向朝前，如图2-15所示。蝶形螺母旋紧适度，以手扳锯条，感觉硬实即可。保证锯条平面与锯弓中心平面平行，不得倾斜和扭曲。

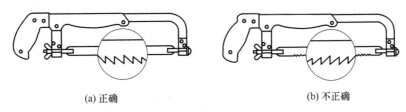

图2-15　锯条的安装

（2）起锯方法　起锯有远起锯和近起锯两种。起锯时，用左手的拇指挡住锯条，起导向作用。起锯角 θ 在15°左右。如果起锯角度太大，尤其是近起锯时锯齿会被工件棱边卡住引起锯齿崩裂。但起锯角度也不宜太小，否则不易切入材料。

对于近起锯如果较难掌握，可采用向后拉手锯作倒向起锯，防止锯齿被工件棱边卡住引起崩裂。对于薄壁管子和精加工过的管子，应夹在有V形槽的两木衬垫之间，以防将管子夹扁和夹坏表面。管子锯削时要在锯透管壁时向前转一个角度再锯，否则锯齿会很快损坏。如图2-16所示。

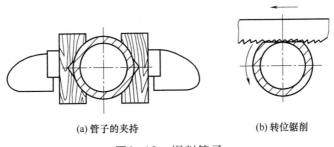

图2-16　锯削管子

3. 锯削安全知识及注意事项

（1）锯条要装得松紧适当，锯削时不要用力过猛。
（2）中途停锯，必须将锯弓从工件上拿下。
（3）工件快锯断时，压力要小，并用手扶住工件将断开部分。
（4）注意起锯方法、起锯角度的正确性，以免锯条损坏。
（5）锯削速度不要过快，否则锯条容易磨钝。锯弓摆动幅度不要过大，姿势要自然。
（6）要适时注意锯缝的平直情况，及时借正。
（7）在锯削钢件时，可加些机油对锯条进行冷却润滑。
（8）锯削完毕，应将锯弓上张紧螺母适当放松，妥善放好。

4. 工件的划线及夹持

（1）先划线，应贴着所划线进行锯削。
（2）工件一般应夹在台虎钳的左面，以便操作。工件伸出钳口不应过长（应使锯缝离开钳口侧面20 mm左右）。
（3）尽量使锯缝线与铅垂线方向一致，便于控制锯缝不偏离划线线条。夹紧要牢靠，同时要避免将工件夹变形和夹坏已加工面。

三、锉削

用锉刀对工件表面进行切削加工，使其尺寸、形状、位置和表面粗糙度等都达到要求，这种加工方法称为锉削，如图2-17所示。锉削的精度可达0.01 mm，表面粗糙度可达$Ra0.8\ \mu m$左右。

图2-17　锉削

1. 锉刀

（1）锉刀材料　锉刀是用高碳工具钢T13或T12A制成，经热处理后其切削部分硬度达到HRC62以上。锉刀结构见图2-18。

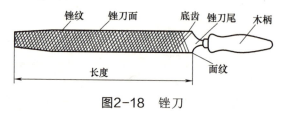

图2-18　锉刀

（2）锉刀的规格　锉刀的规格一般用其长度表示（圆锉以直径大小表示，方锉用方形尺寸表示）。

（3）锉刀的粗细　锉刀的粗细规格是按锉刀的齿距大小表示的，共有五种，见表2-5。

表2-5　锉刀的粗细规格

锉纹号	名称	齿距/mm
1号	粗锉刀	2.30～0.83
2号	中粗锉刀	0.77～0.42
3号	细锉刀	0.33～0.25
4号	双细锉刀	0.25～0.20
5号	油光锉刀	0.20～0.16

（4）锉刀的选用

① 锉刀粗细的选择。粗锉刀适用于锉加工余量大、材料软、加工精度低和表面粗糙度大的工件；反之选用细锉刀。

② 锉刀断面形状的选择。锉刀的断面形状应与工件加工表面的形状相适应。

③ 锉刀长度规格的选择。加工面尺寸和加工余量较大时，选用较长的锉刀，反之则选用较短的锉刀。

（5）锉刀柄的拆装　锉刀必须装上带有铁箍的木柄，如图2-19所示。拆卸锉刀柄可在台虎钳口或其他稳固件的侧平面进行，利用锉刀柄撞击台虎钳等平面后，锉刀在惯性作用下与木柄脱开。

2. 锉削操作

（1）锉刀握法　大于250 mm的锉刀握法：右手紧握锉刀柄，柄端抵在拇指根部的手掌上，大拇指放在锉刀柄上方，其余四指由下而上，握住锉刀柄。左手拇指根部压在锉刀头上，拇指自然伸直，其余四指弯向手心，中指、无名指可捏住锉刀前端。此外还可将手掌压于锉刀面上。

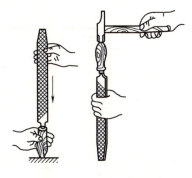

图2-19　装锉刀柄方法

（2）锉削方法　锉削动作是由身体和手臂运动配合完成的，口诀为：脚站外八字，屈膝前弓步，手臂半贴腰，小臂与锉平，掌心握锉柄，辅手把方向，锉削力均匀，锉面为行程，锉刀不得飘，到点抬锉刀，动作要协调。

任务实施

一、设备与工具

管箍的加工主要包括划线、锯削、锉削、弯曲成形、钻孔等加工工序。因此会使用各类工具与量具。工具包括划线平板、划线针、钢锯、台虎钳、扁锉刀、细锉刀、锤子、样冲、钻床（钻头）等。量具包括游标卡尺、高度游标卡尺、钢尺、角尺、平角尺、半径规等。部分工具的使用方法见"知识准备"。

二、操作指导

1. 材料选择

选择扁钢带作为毛坯料，宽度为25 mm，厚度为4 mm，材料为普通碳素钢Q235。

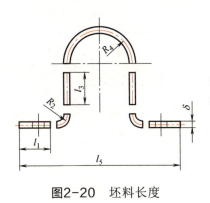

图2-20　坯料长度

2. 坯料长度计算

坯料长度计算见图2-20。

坯料长度是整个管箍的展开长度。通常按照中性层来计算，这是因为坯料在弯曲成形的过程中会发生拉伸和挤压，只有中性层的长度保持不变。

展开的总长度为各段长度之和。

即：$l=2l_1+2l_2+2l_3+l_4$。

其中：$l_2=\dfrac{\pi}{2}R_2$

$l_4=\dfrac{\pi}{2}R_4$

3. 操作步骤及要求

管箍制作操作步骤见表2-6。

表 2-6 管箍制作操作步骤

序号	操作步骤	操作规范与要求	操作图示
1	工件划线	工具与量具包括划针、角尺、刻度尺、钢直尺。使用后用软木或护套来保护划针	
2	锯断长度为177 mm	工具与量具包括钢锯、台虎钳、钢尺。将钢锯张紧,在切割部位旁夹紧扁钢	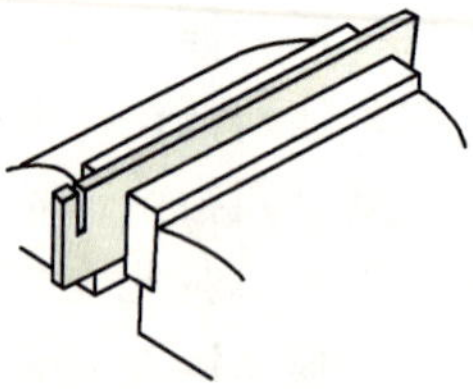
3	在一侧以一定角度锉削并去毛刺	工具与量具包括扁锉刀、细锉刀、平角尺。检查锉刀柄安装是否牢固	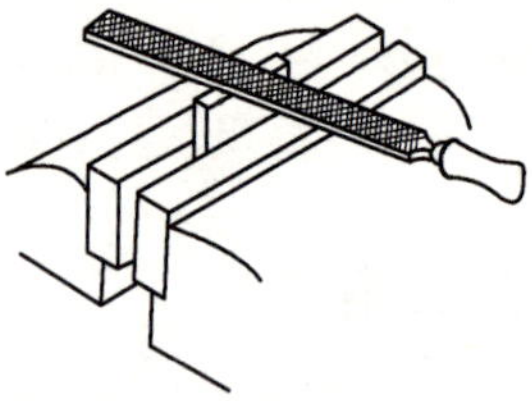
4	在弯边处划线	工具与量具包括划针、角尺、钢尺。使用后用护套保护划针	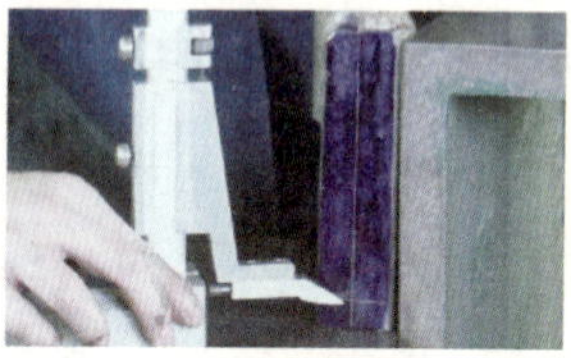
5	用台虎钳中的夹爪进行弯边	工具与量具包括台虎钳、锤子、角尺、半径规。注意装夹是否牢固固定,检查锤柄是否牢固,注意钢板回弹	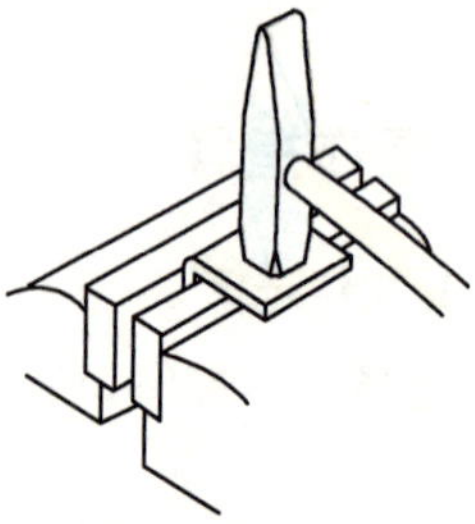
6	通过一根芯棒弯曲成形	工具与量具包括台虎钳、锤子、芯棒、半径规、钢尺。注意装夹是否牢固固定,检查锤柄是否牢固,注意钢板回弹	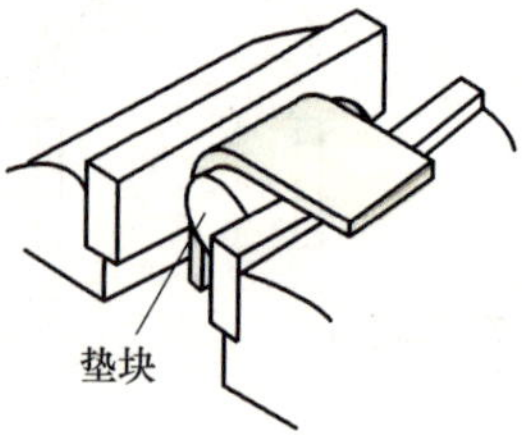 垫块
7	通过夹爪在第2个边处弯曲成形	同6	—
8	把弯曲工件锉去100mm尺寸并去毛刺	工具与量具包括扁锉刀(细锉刀)、角尺、游标卡尺。检查锉刀柄安装是否牢固	—

续表

序号	操作步骤	操作规范与要求	操作图示
9	在孔中心点处划线并冲眼	工具与量具包括划针、钢尺、样冲、锤子。使用后用护套来保护划针,检查锤柄安装是否牢固	 
10	钻孔	工具包括直径 8 mm 的钻头、钻床。做好个人防护,穿工服,袖口扎紧,用发网罩住头发,佩戴护目镜。钻孔时,将钻头尖放入样冲眼孔中,不要进给。钻孔时进给力要均匀。将钻头从工件中退出时要减少进给力,防止钻头卡住或断裂。钻孔后去毛刺	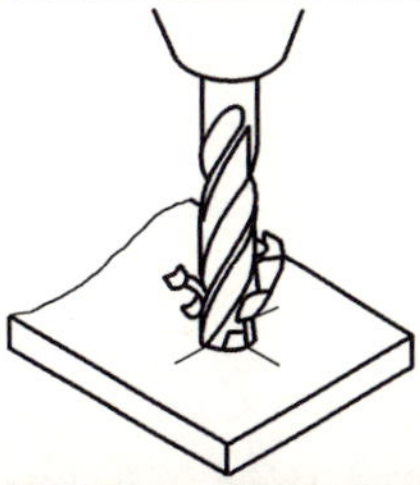 
11	检查评估	工具与量具包括钢尺、半径规、游标卡尺等。检查管箍尺寸,注明偏差	—
12	整理与清扫	清理工位,将工具、量具清洁后放回原位。工作场所清理干净	—

三、安全与环保

(1)进入实训车间,必须穿着工作服(含工作裤)、戴护目镜、穿防护鞋。

(2)严禁佩戴手套及手表、手链、戒指、项链等饰品和胸卡,以免物品缠绕或卷入机器中发生危险。女生长发应盘起固定,并置于工作帽内,绑紧袖口或戴好工作袖套。

(3)读懂车间的安全标志并遵照行事。

(4)工件去毛刺,避免划伤危险。

(5)切削废物应放置在指定废弃物存放处。

(6)实训操作中严格遵守现场环境和安全管理规定(即 6S)。

实战演练　管箍加工(金属材料加工)

见本书工作页,项目三　管箍加工(金属材料加工)。

> **巩固练习**

1. 锉加工余量大、材料软、加工精度低和表面粗糙度大的工件选用_____（粗/细）锉刀。
2. 划线的作用主要是确定工件上各加工面的加工_____和加工_____。
3. 锯条有哪些规格？分别在什么场合使用？
4. 安装锯条时应注意什么？
5. 划线的作用是什么？
6. 打样冲眼的目的是什么？怎样才能将样冲眼打在正确位置？

学习情境三
管道组成件领用

情境描述

采购部门按照材料采购清单，所有管子、管件、阀门及仪表等管道组成件均已采购就位，小王施工组需要现场对施工材料名称、材料规格参数或技术要求、数量等进行核实确认，若发现实物与材料表信息不匹配的情况，需要及时上报反馈至采购部门补充或调整。

任务一 管子管件领用

任务描述

小王施工组首先对材料表（表3-1）中法兰、垫片、异径管等管子、管件进行核实，认识管件实物，理解材料不同规格和主要参数的含义，对管件尺寸大小有基本的概念，会使用游标卡尺进行尺寸大小的测量，做出核实判断与正确领用。

表3-1 材料表

序号	管件名称	规格、主要参数或技术要求	单位	数量
1	平焊法兰	DN25，PN16，壁厚SCH40S，RF密封面，304不锈钢，HG/T 20592—2009	个	150
2	盲法兰	DN25，PN16，RF密封面，304不锈钢，HG/T 20592—2009	个	70
3	管子	DN25，壁厚SCH40S，304不锈钢，GB/T 14976—2012	米	12
4	金属缠绕垫片	DN40，PN16，304不锈钢+石墨，带内外环，HG/T 20610—2009	个	15
5	异径三通	DN40×25，壁厚SCH40S，304不锈钢，GB/T 12459—2017	个	5
6	偏心异径管	DN40×25，壁厚SCH40S，304不锈钢，GB/T 12459—2017	个	50
7	同心异径管	DN25×20，壁厚SCH40S，304不锈钢，GB/T 12459—2017	个	5
8	90°弯头	DN15，壁厚SCH40S，304不锈钢，GB/T 12459—2017	个	1
9	90°弯头	DN20，壁厚SCH40S，304不锈钢，GB/T 12459—2017	个	20
10	90°弯头	DN25，壁厚SCH40S，304不锈钢，GB/T 12459—2017	个	20
11	单螺口管箍	内螺纹短接，DN20，内螺纹NPT3/4，3000，304不锈钢，GB/T 14383—2021	个	50
12	丝堵	六角头管塞，DN20，NPT3/4，304不锈钢，GB/T 14383—2021	个	5
13	外螺纹短接	外螺纹短接，一端外螺纹NPT1/2，一端焊接管DN15，SCH40S，304不锈钢	个	16
14	管帽	管帽，DN80，304不锈钢，GB/T 12459—2017	个	10
15	补芯	六角头内外螺纹接头，外NPT3/4，内NPT1/2，GB/T 14383—2021	个	25
16	8字盲板	DN40，PN16，304不锈钢，RF密封面，HG/T 21547—2016	个	5

学习目标

1. 会根据管件名称识别出对应的实物。
2. 理解公称直径、公称压力、壁厚等主要参数含义。
3. 会法兰上螺栓的受力计算，以及膨胀节设置数量的计算。
4. 会正确使用游标卡尺测量管件尺寸，并准确读取测量数值。
5. 通过对技术参数要求的反复核验，培养精益求精的职业精神。

知识准备

一、管件种类

化工管子、管件作为化工生产当中不可或缺的一个组成部分,是各类化工设备的纽带。管件(pipe fitting)是管道系统中起连接、控制、变向、分流、密封、支撑等作用的零部件的统称。管件的种类很多,可根据用途、连接方式、材料、加工方式分类。管件分类见表3-2。

表3-2 按用途和连接方式的管件分类

按用途分		按连接方式分
用途	管件名称	管件类别
管子连接	法兰、活接、管箍、卡箍、卡套等	对焊管件(有焊缝)
改变方向	弯头、弯管	对焊管件(无焊缝)
改变管径	异径弯头、异径接头(同心、偏心)	承插焊管件
增加分支	三通、四通	螺纹管件
管路封闭	盲法兰、8字盲板、单盲板、丝堵(堵头)、管帽(封头)	法兰管件

1. 管子连接管件

(1)法兰(flange) 法兰用于管端连接、设备进出口连接、两设备间连接。法兰连接是指由法兰、垫片及螺栓三者相互连接作为一组组合密封结构的可拆连接。法兰都是成对使用,两片法兰盘之间加上密封垫,法兰上有孔眼,螺栓使两片法兰紧连。法兰按化工行业标准分为:整体法兰、螺纹法兰、板式平焊法兰、带颈对焊法兰、带颈平焊法兰、承插焊法兰、对焊环松套法兰、衬里法兰盖、法兰盖等,见表3-3。

表3-3 各种类型法兰

整体法兰	螺纹法兰	板式平焊法兰(突面)
带颈对焊法兰	带颈平焊法兰	承插焊法兰
对焊环松套法兰	衬里法兰盖	法兰盖(盲法兰)

通常低压管道可用螺纹法兰，0.4 MPa 以上压力的管道使用焊接法兰。焊接法兰分平焊和对焊，平焊法兰焊接时只需单面焊接不需要焊接管道和法兰连接的内口，对焊法兰的焊接安装需要法兰双面焊，所以平焊法兰一般用于低、中压管道，对焊法兰用于中、高压管道的连接。压力大于 2.5 MPa，采用对焊可减少应力集中，一般的对焊法兰多为带颈法兰。压力很高的情况下，用整体法兰，整体法兰又叫长颈法兰，属于带颈对焊钢制管法兰的一种。在压力很高的情况下，对于小尺寸的法兰，用一般接管很可能管壁计算不通过，也考虑用整体法兰。承插焊法兰一般多用于公称压力小于等于 10.0 MPa，公称直径小于等于 40 mm 的管道中。松套法兰一般多用于压力不高但其中介质有腐蚀性的管道中，所以这类法兰耐腐蚀性强，材质多以不锈钢为主。衬里法兰盖是指接近介质的一边堆焊不锈钢（防腐衬层），它可以盖在腐蚀性介质的管道上。

法兰密封：法兰密封面有全平面 FF、突面 RF、凸面 M、凹面 F、榫面 T、槽面 G、环连接面 RJ。一般凹凸面 MF、榫槽面 TG 都是配对使用。常见法兰密封面种类与结构见表 3-4。

表 3-4　法兰密封面适用场合及结构

名称	适用场合	结构图
平面法兰密封面（全平面 FF）	适用于压力不高的场合。一般使用在 PN≤2.5 MPa 的场合	
突面法兰密封面（突面 RF）	适用于低压场合	
凹凸面法兰密封面（MF）	适用于压力较高或介质易燃、易爆、有毒的场合	
榫槽面法兰密封面（TG）	密封面更窄，适用于压力范围在 1.6~10 MPa 的场合	
环连接面（RJ）	需要八角垫片来密封，适用于压力范围在 2.5~16.0 MPa 的场合。不需要配合成对使用	

法兰密封属于静密封，要达到密封的作用需要满足密封条件：垫片密封压强 p（封）≥管道内介质工作压强 p（工），垫片的密封压强是法兰上螺栓总的紧固力 F 与垫片密封面积 A 之比，即 p（封）$=F/A$（注意：正常情况垫片四周应靠近螺栓）。

螺栓承压计算

举例：现对反应器 BR1 进行气密检验，加载 p_e=25 bar 的超压。计算人孔盖上一个螺栓承受的力 F_1（单位 kN）。盖的直径 d_i =50 cm，由 16 个螺栓固定。

> 已知：p_e =25 bar　　d_i =50 cm　　n=16
>
> 求：F_1
>
> 解：d_i =50 cm=0.5 m　　p_e =25 bar=2500000 Pa
>
> $A = \dfrac{1}{4}\pi d_i^2 = \dfrac{1}{4}\pi \times 0.5^2 = 0.196$（$m^2$）
>
> $F = p_e A = 2500000 \times 0.196 = 490000$（N）
>
> $F_1 = F \div 16 = 30625\ N \approx 31\ kN$
>
> 答：人孔盖上一个螺栓承受的力为 31 kN。

（2）其他管子连接件　用于管子连接的管件，除了法兰外，常用的还有活接头、管箍、卡箍、卡套等。表 3-5 中列举了各连接管件的特点与图示。

表 3-5　各类管子连接件的特点与图示

管件名称	特点	图示
活接头	又称由任，由公口、母口和套母组成，用于螺纹连接管路，具有操作灵活、拆装方便等特点	
管箍	又称外接头，外接头（螺纹）用于连接两个外螺纹的管件或阀门。外接头（承插）用于承插连接的管路	
内接头	又称外螺纹接头，它自身两端是外螺纹，用于连接两个内螺纹的管子、管件	
补芯	又称内外丝，用于连接一个内螺纹和一个外螺纹的管件或阀门	
卡箍	连接带沟槽的管件，用在快速接头之间起紧箍连接作用。其性能良好，密封度高，安装简易	
卡套	主要用于仪表管的连接，一般用在 16 mm 以下或者 1/2″以下的管道，主要是连接方便，相比螺纹连接要方便、美观	

2. 改变方向的管件

用于改变方向，包括弯头、弯管等，其中常用弯头主要有：45°弯头、90°弯头和180°弯头。不同角度的弯头如图3-1所示。

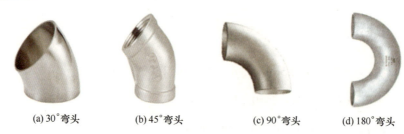

(a) 30°弯头　　(b) 45°弯头　　(c) 90°弯头　　(d) 180°弯头

图3-1　不同角度弯头

3. 改变管径的管件

用于不同尺寸管子连接的管件，主要有异径管和异径弯头。

异径管又称大小头，是化工管件之一，用于两种不同管径的连接。根据对称轴线的位置不同，又分为同心异径管（同心大小头）和偏心异径管（偏心大小头）两类。如图3-2所示。

同心异径管一般用于竖直管道中。偏心异径管由于一侧是平的，利于排气或者排液，通常用于水平安装的管道。

偏心异径管水平侧在上时，称为顶平安装，一般用于泵入口（见图3-3），利于排气；水平侧在下称为底平安装，一般用于调节阀的安装，利于排净。此外管道内介质易结晶的水平管道，选择底平安装，有利于介质的排出。

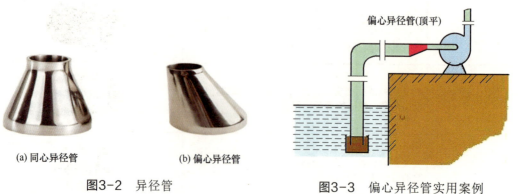

(a) 同心异径管　　(b) 偏心异径管

图3-2　异径管

图3-3　偏心异径管实用案例

异径弯头是连接两个不同管径的管子做转向的管件。图3-4为两种异径弯头，一种为带内螺纹连接90°异径弯头，另一种为普通异径弯头。

4. 增加分支的管件

用于增加管路分支的管件有三通、四通等，主要用在主管道分支管处。三通有T型与Y型，有等径管口也有异径管口，用于三条相同或不同管路汇集处。图3-5所示为三通、四通种类。

(a) 带内螺纹异径弯头　　(b) 普通异径弯头

图3-4　异径弯头

(a) T型三通　　　　　　　(b) Y型三通　　　　　　　(c) 四通

图3-5　三通、四通

5. 管路密封的管件

为了符合生产要求，保证生产正常、有序进行，管路连接中必须进行密封。在表3-6中对几种常用的管路密封管件进行介绍。

表3-6　管路密封管件

名称	作用	图示
盲板	也称盲法兰，功能之一是封堵住管道的末端，其二是可以在检修时方便清除管道中的杂物	
8字盲板	形状像"8"字，一端是盲板，另一端是节流环，但直径与管道的管径相同，并不起节流作用。8字盲板，使用方便，需要隔离时，使用盲板端，需要正常操作时，使用节流环端，同时也可用于填补管路上盲板的安装间隙	
丝堵	用于堵塞管道端部内螺纹的外螺纹管件	
封头（管帽）	以封闭容器端部，使其内外介质隔离的元件，又称端盖。按封头表面的形状可分为凸形、锥形、平板形和组合形	

6. 膨胀节

膨胀节也叫补偿器或伸缩节。膨胀节利用其工作主体波纹管的有效伸缩变形，以吸收管线、导管、容器等由热胀冷缩等原因而产生的尺寸变化，或补偿管线、导管、容器等的轴向、横向和角向位移。膨胀节按材质可以分为金属膨胀节和非金属膨胀节。膨胀节分类如表3-7所示。

表 3-7 膨胀节

类型	名称	特点	图示
金属膨胀节	波纹管膨胀节	用金属波纹管制成的一种膨胀节。一般用于温度和压力不很高、长度较短的管道上。目前，波纹管膨胀节可用在最高压力 6.0 MPa 管系中	
	套筒式膨胀节	由能够做轴向相对运动的内外套管组成。适用于热水、蒸汽、油脂类介质，能耐高温，防腐蚀，抗老化，适用温度 -40~150 ℃，特殊情况下可达 350 ℃，既能保证轴向滑动，又能保证管内介质不发生泄漏	
非金属膨胀节	橡胶风道膨胀节	由橡胶和橡胶-纤维织物复合材料、钢制法兰、套筒、保温隔热材料组成，主要用于各种风机、风管之间的柔性连接，是环境保护领域中一种极为理想的减振、降噪、消烟除尘的最佳配套件	
	纤维织物膨胀节	织物补偿器主要为纤维织物等耐高温材料，特别适用于电厂热风管道及烟尘管道。非金属补偿器中的纤维织物、保温棉本身具有吸声、隔振的功能，能有效减轻锅炉、风机等系统的噪声和振动	

膨胀节计算

举例：开始运行时，热交换器 W2 的蒸汽管道由 t_1=10 ℃ 加热至 t_2=265 ℃。蒸汽管道长 l=350 m，由非合金结构钢制成，线膨胀系数 $α$=0.000012 K^{-1}。如果一个膨胀节可以接受 $Δl$=300 mm 的线膨胀，计算需要安装多少膨胀节。

已知：t_1=10 ℃，t_2=265 ℃，$α$=0.000012 K^{-1}
　　　l=350 m，$Δl$=300 mm
求：n。
解：T_1=273.15+10=283.15（K）　T_2=273.15+265=538.15（K）
　　$ΔT$=T_2-T_1=255（K）
　　$λ$=$αΔTl$=0.000012×255×350=1.071（m）
　　$n=\dfrac{λ}{Δl}=\dfrac{1.071}{0.3}=3.57$
　　圆整为 4 个。
答：需要安装 4 个膨胀节。

二、管件规格与主要参数

管子、管件规格多样，种类繁多，要精准地表示指定管件，除了名称之外，还有材料、尺寸型号、连接方式、技术参数等信息。其中，最常用的是尺寸标准（公称直径）和压力标准（公称压力）。

1. 公称直径与公称压力（见本书学习情境一任务二）

公称压力在英、美等国家中采用压力等级 Class。由于公称压力和压力等级的温度基准不同，因此两者没有严格的对应关系。通常对应关系如表 3-8 所示。

表 3-8 公称压力单位换算

Class/LB	150	300	400	600	800	900	1500	2500
PN/MPa	2.0	5.0	6.8	11.0	13.0	15.0	26.0	42.0

公称压力是管子和管件在基准温度下的耐压强度，用 PN 表示；实验压力是对管子和管件进行强度实验的压力，用 p_s 表示；工作压力是管子和管件正常条件下所承受的压力，用 p_t 表示。工作压力应该小于设计压力。公称压力、实验压力和工作压力之间的关系：$p_s >$ PN $> p_t$。

注：相同 PN 和 DN 数值的所有管道元件与相配的法兰具有相同的配合尺寸。

2. 管件其他技术标准

（1）"Sch"壁厚标准 管子、管件壁厚与介质的压力、温度、重力载荷及介质对管道的腐蚀等因素有关。Sch 美标无缝钢管表号，是 1938 年美国国家标准协会 ANSI B36.10（焊接和无缝钢管）标准所规定的。管子表号是管子设计压力与设计温度下材料许用应力的比值乘以 1000，并经圆整后的数值，即：Sch $= p/[\sigma]_t \times 1000$。

ANSI B36.10 壁厚等级：Sch10、Sch20、Sch30、Sch40、Sch60、Sch80、Sch100、Sch120、Sch140、Sch160 十个等级；ANSI B36.19 壁厚等级：Sch5s、Sch10s、Sch40s、Sch80s 四个等级。带 s 的系列为不锈钢专用，碳钢不用。

我国各种材质管子管件的壁厚标准要求可查阅 GB/T 12459—2017。

（2）"NPT"美制螺纹标准 NPT 是 National（American）Pipe Thread 的缩写，属于美国标准的 60°锥管螺纹，分为一般密封圆柱管螺纹和一般密封圆锥管螺纹，配合方式有"锥/锥"配合、"柱/锥"配合。美制螺纹标准 NPT3/4 是指：尺寸代号为 3/4 的管螺纹。60°密封管螺纹国家标准可查阅 GB/T 12716—2011。

任务实施

一、设备与工具

管件长度、内外径、深度的测量工具为游标卡尺，其结构如图 3-6 所示。

游标卡尺由主尺、游标尺、深度尺、内测量爪、外测量爪和紧固螺钉构成。主尺以毫米为单位，游标卡尺可分为 10 分度游标卡尺、20 分度游标卡尺、50 分度游标卡尺等，分别有 9 mm、19 mm、49 mm。

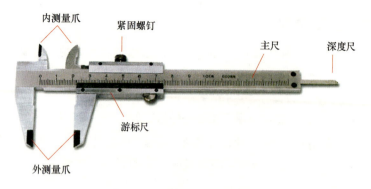

图3-6 游标卡尺结构图

游标卡尺的精度以50分度游标卡尺为例分析，如图3-7所示，主尺每小格1 mm，当两量爪合并时，游标上的50小格刚好与主尺的49 mm对正。尺身与游标每格之差为：1-49/50=0.02（mm），此差值即为50分度游标卡尺的测量精度。同理，10分度游标卡尺精度为0.1 mm，20分度游标卡尺精度为0.05 mm。

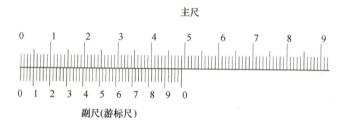

图3-7 50分度游标卡尺

游标卡尺的读数公式：测量值（L）=主尺读数（X）+游标尺读数（$n×$精确度）。读数方法如下：

（1）看游标尺总刻度确定精度（10分度、20分度、50分度的精确度）；
（2）读出游标尺零刻度线左侧的主尺上整毫米数（X）；
（3）找出游标尺与主尺刻度线"正对"的位置，并在游标尺上读出对齐线到零刻度线的小格数（n）（不要估读）；
（4）按读数公式读出测量值。

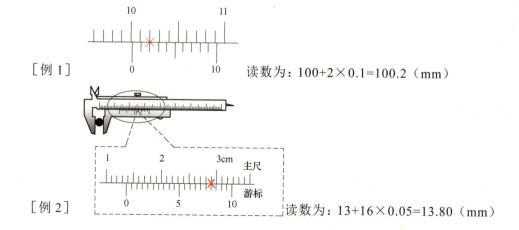

［例1］ 读数为：100+2×0.1=100.2（mm）

［例2］ 读数为：13+16×0.05=13.80（mm）

[例3] 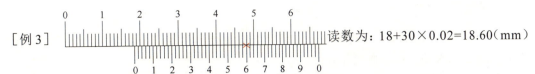 读数为：18+30×0.02=18.60（mm）

特别注意：在测量前，两卡爪合并时，主副尺零刻度线应对齐，如果没有对齐则要消除测量误差。副尺上零刻度线在主尺零刻度线左侧时，观察副尺哪条线与主尺上对齐，则测出的实际数加上这个误差值；副尺上零刻度线在主尺零刻度线右侧时，测出数值减去误差值。

二、操作指导

按照材料表管件名称、规格、参数及数量领取实物，并用游标卡尺测量后进行核实确认，这里以材料表中实物"丝堵"为例，领用步骤见表3-9。

表3-9 管件领用步骤

步骤	操作规范与要求	图示
1.管件识别	根据名称丝堵（六角头管堵）正确识别出实物	
2.理解材料表中参数含义	DN20：公称直径为20 mm； NPT3/4：60°密封管螺纹尺寸代号3/4，管件材质为304不锈钢	—
3.游标卡尺测量	①看游标尺总刻度确定精度； ②用游标卡尺外测量爪垂直卡住管件外螺纹，旋紧紧固螺钉； ③取下游标卡尺读取数值； ④变换位置，重复步骤②与③； ⑤求取平均值，记录	
4.公称直径核实	测量平均值整数为20 mm即正确	—
5.领用	按照材料表要求领取相同管件5个	—

游标卡尺使用注意事项如下。

（1）游标卡尺是比较精密的测量工具，要轻拿轻放，不得碰撞或者跌落地面。使用时不要用来测量粗糙的物体，以免损坏量爪，不用时应置于干燥地方，防止锈蚀。

（2）测量时应先拧松紧固螺钉，移动游标不能用力过猛。两量爪与待测物的接触不宜过紧。不能使被夹紧的物体在量爪内挪动。

（3）读数时视线应与尺面垂直。如需固定读数，可用紧固螺钉将游标固定在尺身上，防止滑动。

（4）实际测量时，对同一长度应多测几次，取其平均值来消除偶然误差。

三、安全与环保

（1）游标卡尺的卡爪比较尖锐，使用时当心被刺伤、刮伤、划伤，若出现皮肤伤害请及时到就近急救处进行止血包扎处理。

（2）管件领用拿取时需轻拿轻放，避免碰撞、撞击造成磨损，管件需分类工整摆放，并且做好标签，做到现场 6S 管理。

（3）游标卡尺使用完毕后，请收拾至游标卡尺专用工具盒内，工具盒整齐放置。

> **实战演练　管子管件领用（游标卡尺使用）**
>
> 见本书工作页，项目四　管子管件领用（游标卡尺使用）。

拓展阅读

外径千分尺，也叫螺旋测微器，常简称为"千分尺"。它是比游标卡尺更精密的长度测量仪器，可读取到小数点后第 3 位（千分位），故称千分尺。常用的外径千分尺有普通式、带表式和电子数显式三种类型。一般的外径千分尺会结合数据采集仪一起使用，利用数据采集仪可直接连接外径千分尺进行自动数据采集，无须操作人员手工记录数据，节约人力成本。

巩固练习

1. 公称压力单位是_____，公称直径单位是_____。
2. 封闭管端的管件有_____、_____、_____、_____等。
3. 20 分度的游标卡尺测量精度为_____ mm。
4. 判断：公称直径既不是实际意义上的管道外径，也不是管道内径。（　　）
5. 请写出平焊法兰：DN25，PN16，壁厚 Sch40s，RF 密封面的含义。
6. 在压力试验中，注入管道 DN65（外径 $d=70.3$ mm）加 $p=25.0$ bar 负荷。请计算，一个螺栓在八孔盲法兰上必须承受多少力 F（kN）。
7. 阀门及配件 VY1 加载 $F=540$ N 的弹力，开口直径 $d=42$ mm。计算压力 p_e（单位 bar）多大时，VY1 打开。
8. 通往搅拌容器 R1 的蒸汽管道，在开始运行时将温度 $t_1=15$ ℃加热到 $t_2=130$ ℃。长度为 $l=10$ m 的蒸汽管道的线膨胀系数 $\alpha=0.000012$ K^{-1}。计算蒸汽管道的膨胀长度 Δl。
9. 反应器的蒸汽导入管长为 $l=160$ m，在环境温度 $\theta_1=20$ ℃时进行装配。计算操作温度 $\theta_2=150$ ℃时的线膨胀 Δl（单位 cm）。（$\alpha=0.000011$ K^{-1}）

任务二　阀门及其他配件领用

任务描述

小王施工组对材料表（表 3-10）中阀门、过滤器、设备仪表的名称、规格及数量等信息进行核实，要求认识阀门及设备仪表实物，理解不同规格和主要参数的含义，知晓其适用场合，对本管道系统装置中所需要的阀门及设备仪表进行核实判断，并确认完好可用。

表 3-10　材料表

序号	阀门名称	规格、主要参数或技术要求	单位	数量
1	手动球阀	手动球阀，DN40，PN1.6，304 不锈钢，浮动球直通式，端部法兰连接，RF 密封面，GB/T 12237—2021	个	5
2	闸阀	手动闸阀，楔形闸板，DN40，PN1.6，304 不锈钢，端部法兰连接，RF 密封面，GB/T 12224—2015	个	5
3	截止阀	手动截止阀，直通式，DN40，PN1.6，304 不锈钢，端部法兰连接，RF 密封面，GB/T 12233—2006	个	20
4	止回阀	止回阀，DN40，PN1.6，旋启式，304 不锈钢，端部法兰连接，RF 密封面，GB/T 12233—2006	个	5
5	安全阀	弹簧全启式安全阀，端部法兰连接，入口 DN15，出口 DN20，PN1.6，RF 密封面，起跳压力和泄放流量或喉径设计计算确定，304 不锈钢，GB/T 12241—2021，GB/T 12243—2021	个	5
6	过滤器	安装于水平管路过滤器，管路 DN40，最高压力 PN16，304 不锈钢材质，流经介质：水，要求端部法兰连接，RF 密封面	个	5
7	转子流量计	安装于垂直管路流量计，用于现场显示，管路 DN25，最高压力 PN16，304 不锈钢材质，流经介质：水，流量测量范围 0～8 m³/h，要求指针式、双型液晶显示，端部法兰连接，允许误差范围 ±1.2%	个	5
8	压力表	测量离心泵出口压力，离心泵出口 DN25，出口最大操作压力 0.3 MPa，法兰连接，准确度等级 1.6 级，流经介质：水	个	5
9	真空表	测量离心泵入口压力，管路接口为内螺纹 NPT1/2，离心泵入口压力 -0.4 MPa，准确度等级 1.6 级，304 不锈钢，表盘直径 100 mm，带密封垫	个	5

学习目标

1. 能识别阀门及配件的图形符号及实物。
2. 掌握不同阀门性能与使用场合。
3. 会根据技术要求选择阀门和其他配件。
4. 会判别阀门和仪表的完好性。
5. 通过对技术参数要求的反复核验，培养精益求精的职业精神。

知识准备

一、阀门的基本知识

阀门是指控制管内介质流动的、具有可流动机构的机械产品总称。阀门的作用有：切断或接通管路介质流量和压力；调节介质流量和压力；改变介质的流动方向；保护管路系统以及设备。如：泄压保护管路和设备的安全、排放蒸汽凝液、阻止回流等，见图3-8。

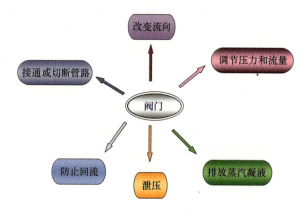

图3-8 阀门的作用

1. 阀门的分类

阀门按操纵/驱动方法可分为他动启闭阀、自动启闭阀。他动启闭阀包括手动阀门、电动阀门、气动阀门、液动阀门；自动启闭阀包括减压阀、安全阀、止回阀、疏水阀。按结构用途可分为截止阀、闸阀、球阀、隔膜阀、柱塞阀、蝶阀、旋塞阀等。此外还可以按照公称压力和介质工作温度分类，见表3-11。

表3-11 阀门按公称压力和介质工作温度的分类

按公称压力分类	按介质工作温度分类
真空阀门：$PN < 0.1$ MPa 的阀门 低压阀门：0.1 MPa $\leq PN \leq 1.6$ MPa 的阀门 中压阀门：$PN=2.5$ MPa、4.0 MPa、6.4 MPa 的阀门 高压阀门：10 MPa $\leq PN \leq 80$ MPa 的阀门 超高压阀门：$PN \geq 100$ MPa 的阀门	超低温阀门：$t < -100$ ℃ 的阀门 低温阀门：-100 ℃ $\leq t < -40$ ℃ 的阀门 常温阀门：-40 ℃ $\leq t < 120$ ℃ 的阀门 中温阀门：120 ℃ $\leq t \leq 450$ ℃ 的阀门 高温阀门：$t > 450$ ℃ 的阀门

2. 阀门的图形符号

在工艺流程图中，阀门及其配件表示如表3-12、表3-13所示。管件中的一般连接件，如法兰、三通、弯头等，如无特殊需要可以不必画出。

表3-12 阀件符号表（GB/T 12220—2015）

阀件名称	代表符号	阀件名称	代表符号
截止阀	─▷◁─	止回阀	─▷|◁─

续表

阀件名称	代表符号	阀件名称	代表符号
闸阀直通		减压阀	
旋塞阀		疏水阀	
球阀		四通旋塞	
旋塞角阀		高压球阀	
三通旋塞		电磁阀	
浮球阀		电动阀	
蝶阀		气开式调节阀	
弹簧安全角阀		气关式调节阀	

表 3-13　阀件符号表（摘自 DIN EN ISO 10628）

阀件名称	代表符号	阀件名称	代表符号
球阀		通用阀	
三通球阀		止回阀	
闸阀		疏水阀	
截止阀		蝶阀	
隔膜阀		弹簧式安全阀	
过滤器		8字盲板	

3.阀门的铭牌

阀门的种类如此多样化，如何快速判断阀门的类型和特征呢？正如人一样，阀门也有着自己的"身份证"——阀门铭牌。阀门铭牌通常包含的信息有阀门型号、公称通径、压力、温度、适用介质、出厂日期、制造工厂、品牌名称等。阀门铭牌型号标识一共由 7 个字母或数字单元组成，分别表示阀门型号、驱动方式、连接方式、结构形式、密封面材料、公称压力、阀体材料。见图 3-9。

特殊说明：

（1）第一单元阀门型号　用于低温（低于 -40 ℃）、保温（带加热套）和带波纹管的阀门，应在类型代号前分别注代号"D""B"和"W"。

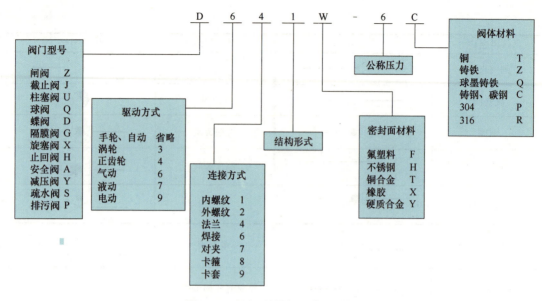

图3-9 阀门型号标识代号举例

（2）第二单元驱动方式 手轮、手柄和扳手传动以及安全阀、减压阀、疏水阀等自动阀可省略本代号。

（3）第四单元结构形式 不同阀门结构形式代号的含义各异，蝶阀：代号1表示杠杆式；球阀：代号1表示浮动球直通式；闸阀：代号1表示明杆楔式单闸板；截止阀、柱塞阀：代号1表示直通式。

（4）第五单元密封面材料 阀体直接加工的阀座密封面材料代号用"W"表示。

（5）第六单元公称压力 代号是MPa数值的10倍。

（6）第七单元阀体材料 PN≤1.0 MPa的灰铸铁阀体和PN≥2.5 MPa的碳素钢阀体省略本代号。

二、常见阀门的结构及特点

不同阀门结构不同，适用场合各异，实际生产生活中需根据实际作用需求及条件，选择不同类型的阀门，常见阀门的结构及特点见表3-14。

表3-14 常见阀门的结构及特点

阀门结构	阀门特点
1.球阀 浮动式球阀 对开式固定球阀(大口径)	①对称、无方向性； ②压力适用范围广，阻力小，通量大； ③密封性一般； ④结构简单，体积小； ⑤开关迅速，操作方便； ⑥常用于小管径的管道； ⑦全开全关，不调节流量

续表

阀门结构	阀门特点
2. 闸阀 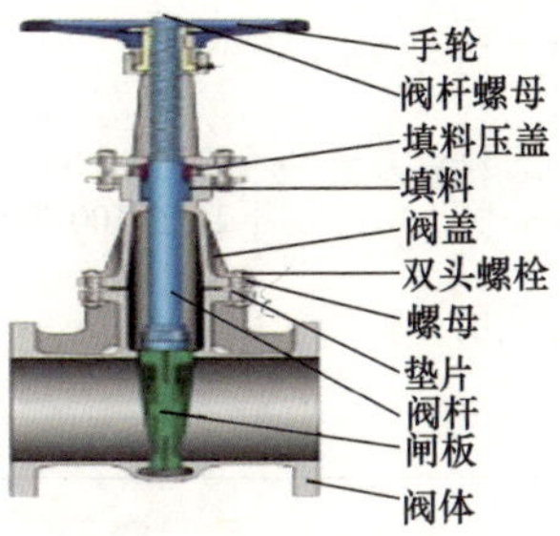 	①对称、无方向性； ②压力适用范围广； ③结构较简单； ④阻力小、通量大； ⑤密封性好； ⑥适用于较干净的气、液，且稀薄介质（有死角）
3. 截止阀 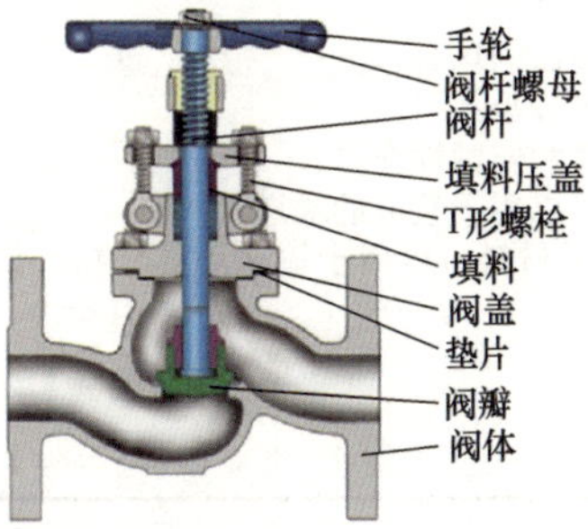 	①不对称、有方向性、低进高出； ②压力适用范围广； ③阻力较大、通量较小； ④密封性好； ⑤便于调节流量（阀开度与流量呈线性）； ⑥适用于较干净的气、液，且稀薄介质
4. 柱塞阀 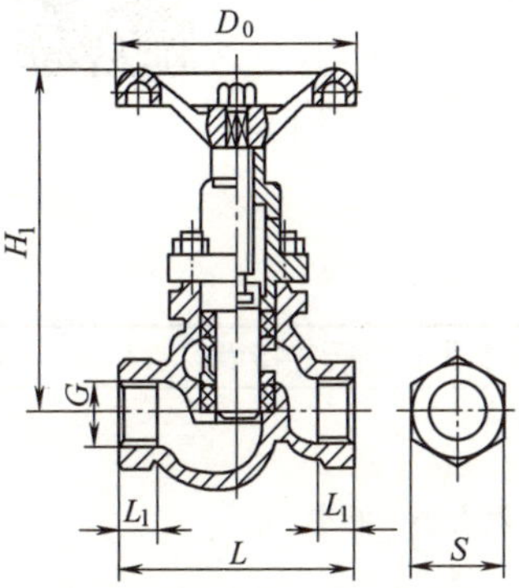 	①有方向性、低进高出； ②可用于低、中压； ③阻力较大、通量较小； ④密封性好； ⑤可以用于浆液； ⑥开关阀用力特别小（无填料密封）； ⑦全开全关，不调节流量
5. 蝶阀 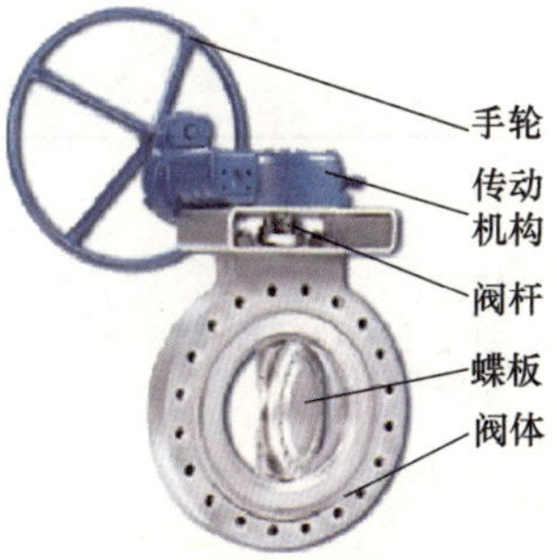 	①对称、无方向性； ②只用于低压管路； ③结构简单，体积小，材料耗用省； ④阻力较小、通量较大； ⑤密封性较差； ⑥适用于所有气、液介质乃至泥浆

55

续表

阀门结构	阀门特点
6. 旋塞阀	①适于经常操作，启闭迅速； ②启闭扭矩较大，流体阻力较小； ③密封性能一般； ④安装方向不受限制，维修方便； ⑤适用于直径 80 mm 以下，温度不超过 100 ℃ 的管路； ⑥适宜于输送黏度较大的介质
7. 隔膜阀	①对称、没有方向性； ②不适用于高温高压的场合； ③阻力较大、通量较小； ④适用于输送黏性和腐蚀性介质； ⑤有自排功能，可以用于浆液的输送； ⑥阀体内衬高分子材料，可用于输送清洁物料，如食品和药物

其他常见阀门有止回阀、安全阀等。

（1）止回阀　止回阀是借助于流体的流动而自动开启或关闭的阀门，其作用是防止流体介质倒流。止回阀具有方向性，又称止逆阀、单向阀。按结构可分为旋启式止回阀、蝶式止回阀和升降式止回阀三种，具体结构及特点见表 3-15。

止回阀

表 3-15　止回阀分类、结构及特点

止回阀结构	不同类型止回阀的特点
1. 旋启式止回阀	①密封性较差，阻力小，通量大； ②可用于低、中、高压； ③主要用于大口径管路； ④适用于所有气、液介质； ⑤安装于水平管道
2. 蝶式止回阀	①结构简单，密封性较差； ②不受口径限制，主要用于大口径管路； ③阻力小、通量大、压降低； ④适用于所有介质； ⑤可安装在任何位置

续表

止回阀结构	不同类型止回阀的特点
3. 卧式升降式止回阀	①密封性较好，阻力较大，通量小； ②主要用于小口径； ③可用于低、中、高压； ④适用于较干净的气、液，且稀薄介质（有死角）； ⑤安装于水平管道
4. 立式升降式止回阀	①主要用于小口径管路； ②可用于低、中、高压； ③适用于较干净的气、液，且稀薄介质（有死角）； ④安装于竖直管道

注：止回阀安装时注意介质流动的方向应与阀体所标箭头方向一致。

（2）安全阀 安全阀是一种截断装置，多装在中、高压设备上，当设备内压力在超过规定的最大工作压力时可以自动泄压，起保护设备的作用。常用的安全阀有弹簧式安全阀、杠杆式安全阀和脉冲式安全阀。

弹簧式安全阀靠弹簧弹力压紧阀芯使阀密合。当压力超过弹簧弹力时，阀芯上升，安全阀泄压。弹簧弹力的大小用螺纹衬套来调整。弹簧式安全阀分为封闭式和不封闭式。封闭式用于易燃、易爆和有毒介质；不封闭式用于蒸汽或惰性气体。弹簧式安全阀不如杠杆式安全阀可靠，为了保证安全生产，弹簧式安全阀必须定期定压。图3-10所示为弹簧式安全阀及其结构。

图3-10 弹簧式安全阀及其结构

杠杆式安全阀［图3-11（a）］的杠杆安置在菱形支撑上，杠杆上附有重锤，在最大工作压力下，流体加于阀门上的压力与杠杆的重力平衡，当超过了规定的最大工作压力时，阀芯便离开阀座使容器内流体与外界相通，即用变动重锤位置的方法来调整阀芯开启时的压力。杠杆式安全阀体积庞大，用在周围空间开阔的受压容器上。

脉冲式安全阀［图3-11（b）］由主阀和辅阀构成，主阀和辅阀连在一起，通过辅阀的脉冲作用带动主阀动作。其结构复杂，通常只适用于安全泄放量很大的锅炉和压力容器。

(a) 杠杆式安全阀　　　　　　(b) 脉冲式安全阀

图3-11　杠杆式安全阀及脉冲式安全阀

三、其他配件的结构及特点

1. 过滤器

过滤器安装在管道上,用于除去流体中的固体杂质,使机器设备(包括压缩机、泵、阀门等)、仪表能正常工作和运转,起到稳定工艺过程、保障安全生产的作用。过滤器有Y型过滤器、T型过滤器和篮式过滤器三种类型,其结构及特点见表3-16。

Y型过滤器

表3-16　过滤器分类、结构及特点

过滤器结构	不同类型过滤器的特点
1. Y型过滤器	属于管道粗过滤器,可用于液体、气体或其他介质大颗粒物过滤,通常安装在减压阀、泄压阀、定水位阀或其他设备的进口端,用来清除介质中的杂质,以保护阀门及设备的正常使用。Y型过滤器可以水平安装,也可以垂直安装
2. T型过滤器	用于介质大颗粒物的过滤,可以除去流体中的较大固体杂质,T型过滤器可以水平安装,也可以垂直安装

续表

过滤器结构	不同类型过滤器的特点
3. 篮式过滤器	篮式过滤器只能水平安装，通常用于 DN 大于 80 mm，且流体杂质较多的情况，安装时过滤器上箭头方向与系统介质流动方向一致

从应用范围来说，Y 型过滤器结构简单、价格低廉、应用广泛，一般管道工况没有特殊要求时选用 Y 型过滤器。Y 型过滤器与 T 型过滤器过滤精度：10 ~ 480 目（通水网为 20 ~ 40 目 /cm²，通气网为 40 ~ 100 目 /cm²，通油网为 100 ~ 480 目 /cm²）。

2. 转子流量计

转子流量计是根据节流原理测量流体流量的，它通过改变流体的流通面积来保持转子上下的差压恒定，故又称为变流通面积恒差压流量计，也称为浮子流量计。在一根由下向上扩大的垂直锥管中，圆形横截面的浮子的重力由介质动力承受，浮子可以在锥管内自由地上升和下降。浮子在流速和浮力作用下上下运动，介质动力与浮子重力平衡后，通过磁耦合传到刻度盘指示流量。常见的有玻璃转子流量计和金属转子流量计，见图 3-12。

(a) LZB 玻璃转子流量计

(b) 指针式金属转子流量计

图 3-12　转子流量计

指针式金属转子流量计具有体积小、检测范围大、使用方便等特点，特别适用于测量小流量液体、气体。指针式金属转子流量计只可显示瞬时流量，可带远传功能。

3. 压力表

压力表是指以弹性元件为敏感元件，测量并指示高于环境压力的仪表，应用极为普遍，它几乎遍及所有的工业流程和科研领域。压力表通过表内的敏感元件的弹性形变，再由表内机芯的转换机构将形变传导至指针，引起指针转动来显示压力，压力表的结构见图 3-13。

 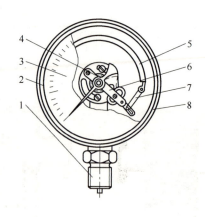

图3-13 压力表结构

1—接头；2—衬圈；3—度盘；4—指针；5—弹簧管；6—传动机构；7—连杆；8—表壳

任务实施

一、设备与工具

1. 过滤器的选用原则

（1）进出口通径　原则上过滤器的进出口通径不应小于相配套的泵的进口通径，一般与进口管路口径一致。

（2）公称压力　按照过滤管路可能出现的最高压力确定过滤器压力等级。

（3）孔目数的选择　主要考虑需拦截的杂质粒径，依据介质流程工艺要求而定。

（4）过滤器材质　过滤器材质一般选择与所连接的工艺管道相同的材质，例如铸铁、碳钢、低合金钢或不锈钢等材质。

（5）过滤器阻力损失计算　水用过滤器，在一般计算额定流速下，压力损失为0.52~1.2 kPa。

2. 转子流量计的选用原则

（1）流量范围　流量范围主要用来决定流量计的口径大小，因为任何一款流量计，都有承受压力和最大流量，不是选择一款流量越大的流量计就越好，还需考虑精度问题，所以需要根据流量选择合适的口径。

（2）测量的对象　指介质的种类、压力大小、化学性质等，比如有些介质流体会有腐蚀性，这个情形下就要做防腐处理，使用耐腐蚀流量计。

（3）价格的选用　流量计的精度有高低，精度越高的流量计价格肯定越高，可以根据自己的需求来决定。

3. 压力表的选用原则

（1）类型的选用　按照测量压力的范围分为：压力真空表、真空表、压力表（见图3-14）。仪表类型的选用必须满足工艺生产的要求，根据工艺要求正确地选用仪表类型是保证仪表正常工作及安全生产的重要前提。

(a) 压力表　　　　　　(b) 压力真空表　　　　　　(c) 真空表

图3-14　压力表类型

（2）测量范围的确定　为了保证弹性元件能在弹性变形的安全范围内可靠地工作，在选择压力表量程时，必须根据被测压力的大小和压力变化的快慢，留有足够的余地，因此，压力表的上限值应该高于工艺生产中可能的最大压力值。在测量稳定压力时，最大工作压力不应超过测量上限值的 2/3；测量高压时，最大工作压力不应超过测量上限值的 3/5；一般被测压力的最小值应不低于仪表测量上限值的 1/3。根据被测参数的最大值和最小值计算出仪表的上、下限后，在国家规定的标准系列中选取仪表。

（3）精度等级的选取　根据工艺生产允许的最大绝对误差和选定的仪表量程，计算出仪表允许的最大引用误差，在国家规定的精度等级中确定仪表的精度。一般来说，所选用的仪表越精密，则测量结果越精确、可靠。但不能认为选用的仪表精度越高越好，因为越精密的仪表一般价格越贵，操作和维护要求越高。

二、操作指导

按照材料表中阀门及其他配件的名称、规格、参数及数量领取实物，并确认其完好性，这里以材料表中"手动球阀"为例，领用步骤见表 3-17。

表 3-17　阀门及其他配件领用步骤

步骤	操作规范与要求	图示
1. 实物识别	根据名称"手动球阀"初步识别实物	
2. 技术参数核实	序号 1，阀门名称：手动球阀，规格、主要参数或技术要求：手动球阀，DN40，PN1.6，304不锈钢，浮球直通式，端部法兰连接，RF密封面，带操作手柄，GB/T 12237—2021，单位：个，数量：5 方法一：按照技术主要参数项目，逐一核实信息 ①"法兰连接、带手柄、浮球直通式"——肉眼识别； ②"DN40、PN1.6、304"不锈钢——查看阀体标识 方法二：根据技术参数写出阀门铭牌代号对比 ①根据技术参数写出铭牌代号为：Q41H-16P； ②找到相同铭牌代号的阀门即为所选阀门	

续表

步骤	操作规范与要求	图示
3. 领取	按照材料表内要求数量领取相同管件	—
4. 完好性查验	逐一查验阀门完好性：先肉眼外观检查有无磨损等情况，再检查性能：扳动手柄，查验是否能全开全关，开关阻力是否正常。有问题及时更换	—

注："CF8"是美国标准，相当于304不锈钢。

三、安全与环保

（1）操作前穿戴好个人防护用品，特别是安全帽、防护手套和安全鞋，防止阀门等金属制品掉落砸伤人体。

（2）防止仪器仪表等表盘玻璃破碎，导致刮伤、划伤人体，若出现皮肤伤害请及时到附近急救处进行止血包扎处理。

（3）阀门及仪表等领用拿取时需轻拿轻放，避免碰撞、撞击造成磨损和破坏。

（4）管件需分类工整摆放，做到现场6S管理。见图3-15。

图3-15　管件摆放

实战演练　阀门及其他配件领用

见本书工作页，项目五　阀门及其他配件领用。

拓展阅读

随着工业 4.0 智能化时代的到来，出现越来越多的智能仪器仪表。利用大数据和"互联网＋"，以及高精准定位，实现智能化工厂。化工厂作业人员的区域位置信息动态反映到管理平台计算机显示器中，实时掌握化工厂人员的位置及轨迹，不但便于安全监控、调度管理、人员考勤管理，而且人员遇险后可以通过标签的 SOS 进行一键呼叫寻求系统帮助，提高人员安全性。

巩固练习

1. 自动阀门有_____、_____、_____等。
2. 适用于腐蚀性介质的阀门是_____，该阀门的代表符号为_____。
3. 止回阀和疏水阀都_____（有/没有）方向性，它们的图形符号分别是_____和_____。
4. 根据下列阀门铭牌，写出其基本信息。
   （1）Z41H-16C　　　　（2）J11H-25
   （3）H41H-40　　　　（4）X43W-6
5. 收集闸阀、截止阀、安全阀的铭牌信息，并写出上述三种阀门型号规格。
6. 想一想过滤器的作用，在化工生产中哪些场合使用过滤器。
7. 在化工装置中，找出 3 类压力表，写出其位号与作用。
8. 拓展题：查阅资料，获取以下配件的基本信息。
   （1）Y100，0～40 MPa：_____。
   （2）WSS-301，0～500 ℃，L=200 mm_____。
   （3）LZB-6，气，4～40 mL/min_____。

学习情境四
管路系统连接

情境描述

改造项目设备、材料已就位并试验合格,现场三通一平工作已经完成,整体施工组织设计已经审批完成,项目开工报告已经批复,最先开工的具体技术工序、质量控制、安全监督、环保措施都已经形成书面文字,并通知到每个员工。小王为该项目施工小组成员,需要按照施工图纸搭建管路系统,其中包括基础管线连接、阀门及仪表的安装等工作。

任务一　管道及阀门安装（法兰连接）

任务描述

小王认真阅读施工图纸之后，对管路轴测图进行仔细分析，了解管路支撑方式、连接方式、管路走向等信息，现在部分法兰、弯头、三通、异径管等管件已由焊工焊接到管子上，现小王及团队需要将这些管子与前期领取的阀门、过滤器等组成件以法兰连接方式进行安装。

学习目标

1. 能区分不同连接方式的特点及适用范围。
2. 掌握支座的类型，并能讲出支座安装方法。
3. 会使用相关工具，熟练进行法兰连接操作。
4. 掌握阀门等组成件安装要点和注意事项。
5. 通过管路连接操作培养认真严谨的态度和吃苦耐劳的精神。

知识准备

一、管路连接方式

管路应根据管子类别、管径、壁厚、介质、压力、腐蚀情况、设计要求等进行综合考虑，选择合适的连接方式，实际工作中，一般以项目工程要求为准。连接方式主要有法兰连接、螺纹连接、焊接、承插连接等，适用场合见表4-1。

表 4-1　不同连接方式的适用场合

连接方式	适用场合与特点	现场图片
法兰连接：	应用广泛，适用大管径、密封性要求高的管子连接，如真空管等；也适用于玻璃、塑料、阀件与管道或设备的连接，以及铸铁管、衬里管的连接；适用温度和压力范围广，可拆卸	

65

续表

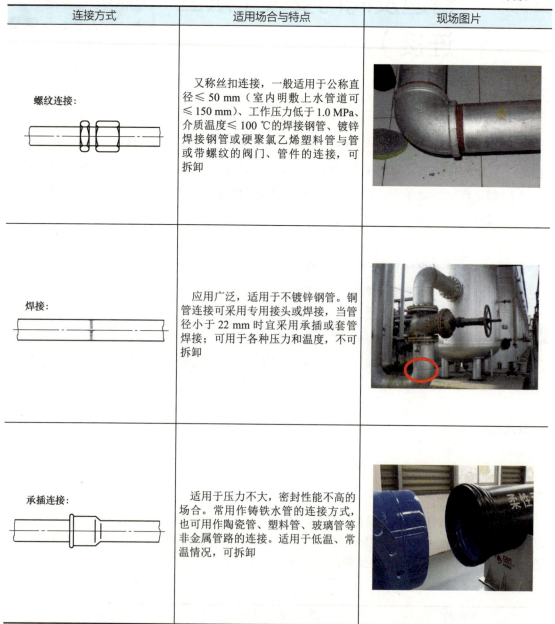

法兰连接时，螺栓的数量取 4 的倍数。螺栓面积不够时尽量采用增加数量的方法而不要增加螺栓直径，尽量取小的螺栓圆直径以减小法兰力矩，法兰上每个螺栓所承受力的计算见本书学习情境三任务一。

螺纹连接主要用在生产或生活用水、供暖设施的管道上，在机泵的冷却水管道或压力表与控制阀的引压线连接上也广泛应用。

焊接是大多数压力管道采用的连接方式，工程中普遍采用的有承插焊（SW）、对焊（BW），所有压力管道，如蒸汽、空气、煤气、真空等管道尽量采用焊接。焊接的能量来源有很多种，包括气体焰、电弧、激光、电子束、摩擦和超声波等。焊接的接头形式有对接、搭接、角接和 T 型接，见图 4-1。

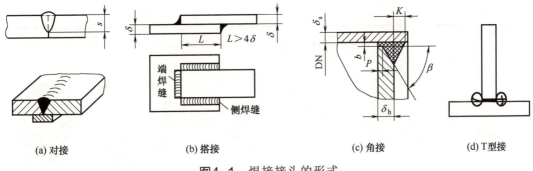

图4-1 焊接接头的形式

二、管道支架

管道支架是用于地上架空敷设管道支承的一种结构件,是管路系统的重要组成部分。

1. 管道支架的分类

管道支架按支架对管道的制约作用可分为活动支架(允许管道在支架上有位移的支架)和固定支架(固定在管道上用的支架),活动支架有滑动支架、导向支架、滚动支架和吊架四种。不同类型管道支架特点及图示见表4-2。

表4-2 不同类型管道支架的特点及图示

支架类型	特点	图示
固定支架	承重支架,对承重点管线有全方位的限位作用,用于管道中不允许有任何位移的部位。固定支架除承受重量以外,还要承受管道各向热位移推力和力矩,故要求其本身具有充足的强度和刚性	
滑动支架	多用于水平管线靠近弯头的部位。它是承受管道自重的一个支撑,它只对管线的一个方向有限位作用,而对管线其他两个方向的热位移不限位。所以管道可以在支承面上自由滑动	
导向支架	导向支架是管道应用最为广泛的一种支架。它同样是管道自重的一个支承点。导向支架是为了限制管子径向位移,使管子在支架上滑动时,不至于偏移管子轴心线而设置的	1—保温层;2—管子托架;3—导向板

续表

支架类型	特点	图示
滚动支架	装有滚筒或球盘，使管子在位移时产生滚动摩擦的支架。有滚柱支架和滚珠支架两种。滚动摩擦力小于滑动摩擦力	(a) 滚珠支架　　(b) 滚柱支架
吊架	用于常温管道，或用于热管道热位移值很微小的管道吊点，它允许该吊点管道有少量的水平方向位移，而对管道的向下位移有限位作用。但弹簧吊架允许管道有垂直位移。吊架在大型石化厂应用广泛	

2. 管道支架的选用与安装

一般在管道上不允许有位移的地方设置固定支架；在管道上无垂直位移或垂直位移很小的地方设置活动支架或吊架。对由于摩擦而产生的作用力无严格要求时采用滑动支架，有要求时采用滚柱、滚珠支架，在架空管道上也可采用吊架。

管道支架安装要求如下：

（1）支架的安装位置应正确，安装应平整、牢固，与管子接触紧密。

（2）支架标高应正确，对有坡度要求的管道，支架的标高应满足坡度要求。

（3）无热移动的管道，吊架的吊杆应垂直安装，有热位移的管道，吊杆应在位移的相反方向，按位移的1/2倾斜安装。

（4）固定支架应严格按设计要求安装，并在补偿器预拉伸之前固定。在有位移的直管段上，必须安装活动支架。

（5）支、托、吊架上不允许有管道焊缝、管件。

（6）管道支、托、吊架间距应符合设计要求及施工规范规定。

任务实施

一、设备与工具

1. 扳手

法兰连接使用的工具主要是扳手，扳手有多种，如呆扳手、梅花扳手、套筒扳手和活扳手等，其特点见表4-3。

表4-3　不同扳手的特点

名称	图示	特点
呆扳手		固定开口宽度，一般用于固定螺栓，常和梅花扳手配套使用
梅花扳手		固定开口宽度，一般用于旋转螺母，常和呆扳手配套使用
套筒扳手		常用于凹陷处的螺母，套筒应用广泛，棘轮扳手、气动扳手、液压扳手多配以套筒扳手使用
活扳手		可调节开口宽度。由于活扳手在使用时容易打滑威胁人身安全，化工行业须尽量避免使用

2. 垫片

法兰垫片（图4-2）用于管道法兰连接中，为两片法兰之间的密封件，介质、压力和温度直接影响法兰垫片的选型。垫片按其主体材料分为金属、非金属和组合式垫片三大类。不同类型法兰垫片在使用特点上也不尽相同，其选用应根据输送介质的性质及其工作条件和法兰型式选定。

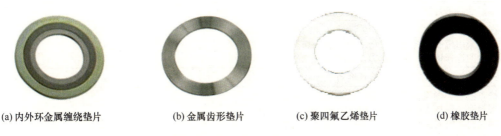

(a) 内外环金属缠绕垫片　　(b) 金属齿形垫片　　(c) 聚四氟乙烯垫片　　(d) 橡胶垫片

图4-2　不同类型的法兰垫片

（1）金属垫片　金属垫片常用的材料有铜、铝、低碳钢、不锈钢、铬镍合金钢等。金属垫片具有高强度、密封性好的特点，常用于温度、压力较高的场合。类型有：金属平垫、金属波形垫片、金属齿形垫片。

（2）非金属垫片　非金属垫片质地柔软、耐腐蚀、价格便宜，但耐温和耐压性能差。多用于常温和中温的中、低压容器或管道的法兰密封。非金属垫片包括橡胶垫、石棉橡胶垫、柔性石墨垫和聚四氟乙烯垫等。

（3）组合式垫片　组合式垫片结合了金属材料与非金属材料的优点。半金属垫片主要有包覆垫片、缠绕垫片等。其中，半金属缠绕垫片是由薄金属波形带与石棉或柔性石墨等非金属交替绕成螺旋状，将金属带的始末端点焊接制成，国外也称作螺旋垫片。缠绕垫片又分为：带金属内环、带金属外环、带金属内外环垫片。

二、操作指导

1. 法兰连接

一个法兰连接含有两片法兰、一个垫片和若干螺栓、螺母，法兰连接示意图见图4-3，法兰连接技术要点见表4-4。

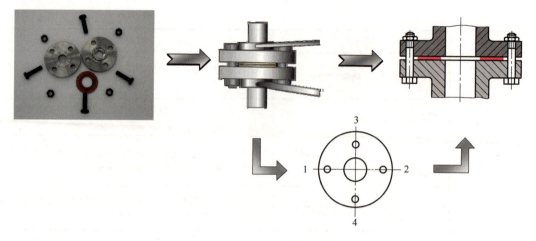

图4-3 法兰连接示意图

表4-4 法兰连接技术要点

第一，法兰与管道的连接要求
①管道与法兰的中心要在同一水平线上。 ②管道中心与法兰的密封面成90°垂直形状。 ③管道上法兰盘螺栓的位置应该对应一致
第二，法兰垫片选择要求
①在同一根管道内，压力相同的法兰选择的垫片应该要一样，这样才便于以后互相交换。 ②对于采用橡胶板的管道，垫片最好也选择橡胶的，例如水管线。 ③垫片的选择依据：根据压力、温度以及介质性质来选择
第三，法兰、螺栓、垫片等检查准备
①检查法兰、螺栓和垫片的规格是否符合要求。 ②密封面要保持光滑整洁，不能有毛刺，不能有凹痕。 ③螺栓的螺纹要完整，不能有缺损，嵌合要自然。 ④垫片质地要柔韧，不易老化，表面没有破损、褶皱、划痕等缺陷。 ⑤装配法兰前，要把法兰清理干净，去除油污、灰尘、锈迹等杂物，密封线剔除干净
第四，装配法兰
①法兰密封面与管道中心垂直。 ②两法兰片相平，不能错位或出现喇叭口。 ③同一法兰片上，螺栓螺母应选用相同规格，且安装方向相同，螺栓长度应在紧固后露出螺母2～3牙。紧固螺栓要涂抹润滑剂或防咬合剂，使螺栓在润滑的条件下达到要求的力矩。用工具紧固时需对角、均匀地紧固。 ④安装在支管上的法兰安装位置应该距离立管的外壁面100 mm以上，与建筑物的墙面距离应该在200 mm以上

2. 管道及阀门安装

管路系统安装首先保证装置整体位置要规正，保证所有管路都在水平或竖直方向；其次，管路系统是个封闭循环系统，要做到最后顺利对接，必须保证所有法兰连接都对齐，否则最后错位累加很难补偿完成对接。具体步骤见表4-5。

注意事项：

① 管道阀门安装是消耗体力较大的操作，需要小组协作，配合完成；

② 工具（扳手、螺丝刀）使用前检查规格是否符合要求，切忌蛮力使用；

③ 安装管子前，须确认管子的材质和规格是否符合要求；安装阀门前，务必检查阀座密封面是否完好无泄漏；

④ 法兰连接检查时可借助工具进行不同方位查看，也可多人检查，避免人为误差因素。

表 4-5　管道及阀门安装一般操作步骤

操作步骤	操作方法与规范	操作图示
1. 确定安装顺序	通常安装顺序：由低到高，按照流体方向依次安装；一般系统最后对接避开管件密集的地方，而选择直管处，因为直管可调整扭矩较大，方便对接	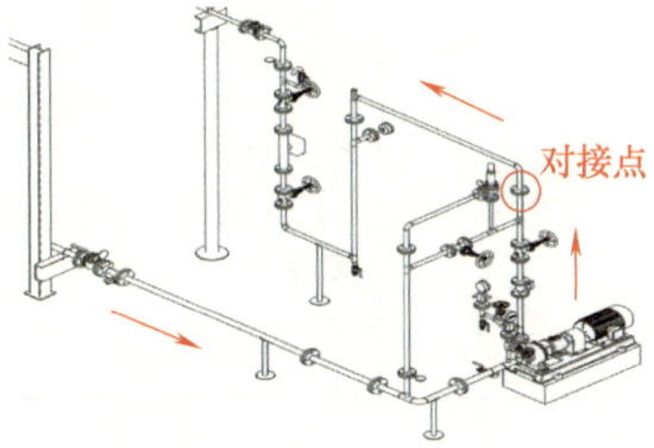
2. 穿好个人防护装备	个人防护装备（Personal Protective Equipment，PPE）包括工作服、工作鞋、安全帽、防护手套等	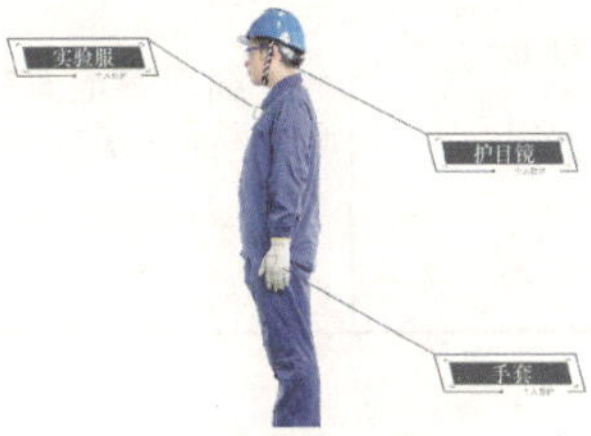
3. 准备工具	工具包括梅花扳手、呆扳手（规格尺寸对应）、螺栓、螺母、垫片等零件，用工具盒盛放	
4. 依次安装	（1）所有法兰连接处螺母只需预紧； （2）具有方向性管件其箭头方向应与流体方向一致（过滤器、截止阀、止回阀）； （3）阀门安装要方便操作，手柄和手轮遵循低位朝上、高位朝前原则，铭牌朝外； （4）安装水平方向直管，要求螺栓朝向一致，竖直方向直管，螺栓统一朝下；安装阀门时，螺栓一般都需对向阀体	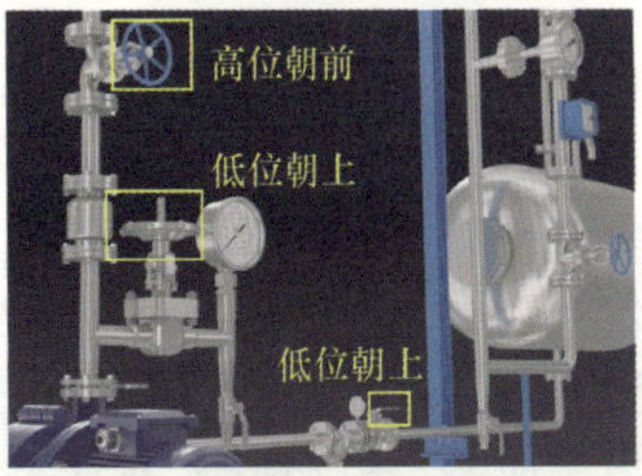
5. 系统封闭对接	当有错位时首先调整另一端的预紧螺栓，松脱螺栓重新调整。如果不行，判断是否可以通过调整支架来消除应力。如果都不行，再用撬棍穿过两片法兰对应螺栓孔，调整法兰片齐平，然后上其他螺栓、螺母及垫片，再拧紧，最后松开撬棍，将剩下一对螺栓、螺母上紧	
6. 整体紧固	用扳手拧紧所有法兰连接处螺母，方法：先紧开口较大处的螺母，当两片法兰平行后，按照对角拧紧的方法均匀拧紧	

续表

操作步骤	操作方法与规范	操作图示
7. 安装检查	（1）检查法兰连接处，若不平整，采用步骤5的方法调整； （2）检查阀门方向性，若有误，需要拆卸后重新安装	
8. 整理工具，注意清洁现场卫生	仔细查看地面有无散落的螺母等小零件，收集整理工具，注意清洁现场，工具放置到指定地点	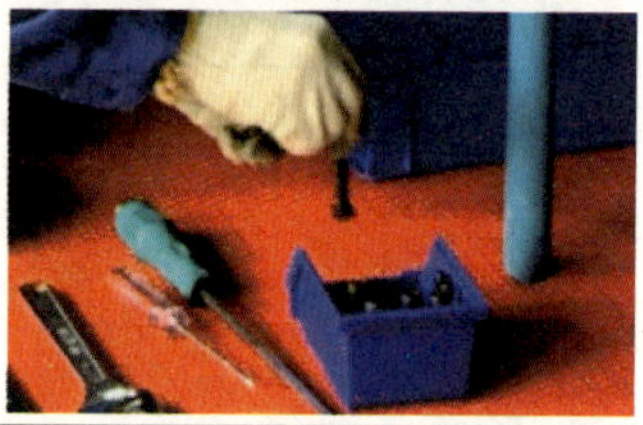

三、安全与环保

（1）个人防护用品需检查后进行穿戴，如安全帽、防护鞋等；
（2）安装操作过程中严禁奔跑、打闹，严禁抛扔零件或工具；
（3）法兰连接时注意避免手部划伤，并注意预防高处坠物；
（4）现场地面散落的小零件需要及时捡起来放置在盒子中，防止踩到滑倒；
（5）注意拆卸阀门时通常先拆离自己最远端的螺栓，拆卸的零件放置于工具盒中，防止丢失，同时保证操作过程中的6S管理。

实战演练　管道及阀门安装（法兰连接）

见本书工作页，项目六　管道及阀门安装（法兰连接）。

管路拆装装置

拓展阅读

2021年1月15日，第三届全国石油和化学工业先进集体、劳动模范和先进工作者表彰大会在京召开。大会授予81个"全国石油和化学工业先进集体"称号，105名"全国石油和化学工业劳动模范"称号，10名"全国石油和化学工业先进工作者"称号。

先进集体、劳动模范和先进工作者是石油和化工行业新时代新征程上的排头兵，是精益求精大国工匠的楷模，为推动行业健康可持续发展做出了重要贡献，是推动我国工业经济发展的中坚力量。会上受表彰代表宣读了《爱岗敬业　追求卓越　争做新时代石油化工强国建设的先行者》倡议书。

巩固练习

1. 化工管路常用的连接方式有_____、_____、_____、_____。
2. 法兰连接的方式分为平焊、_____、_____、_____等。
3. 卧式容器支座有_____、_____、_____三种。
4. 法兰连接用到的工具是_____。
5. 管道的法兰连接属于_____，焊接属于_____。（可拆连接/不可拆连接）
6. 法兰有多种类型。下图是哪种法兰？

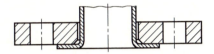

① 盲法兰　　　　② 螺纹法兰　　　　③ 槽面法兰和榫面法兰
④ 松套法兰　　　⑤ 预焊接法兰

7. 判断：阀门在安装时只需考虑方向性问题，其他方面可以忽略。（　　）
8. 某法兰标记为：HG 20592 法兰 PL1200-1.6 RF Q235A，解释其含义。
9. 简述化工管路四种常用连接方式的适用范围。
10. 简述法兰连接注意要点。

任务二　压力表安装（螺纹连接）

任务描述

管路装置中管道和阀门等主线管路设备已安装完毕，还需要安装支线上压力表、活接头等，连接方式为螺纹连接。小王需要掌握螺纹连接的相关知识，选择合适的工具，按照标准及规范要求完成安装任务。

学习目标

1. 掌握螺纹的基本知识，学会查看螺纹标准。
2. 能讲出螺纹连接方法。
3. 会使用相关工具，进行螺纹连接。
4. 能判断螺纹连接质量，能进行检修工作。
5. 通过拆装操作养成细致、认真、严谨的工作态度。

知识准备

一、认识螺纹

螺纹是指在圆柱表面或圆锥表面上，沿着螺旋线形成的、具有相同断面的连续凸起和沟槽。螺纹的应用在生产和生活中随处可见，螺纹作用有：紧固、传动和密封（见图4-4）。

螺纹的基础知识

生产实际中加工螺纹有多种方法，如在圆柱表面上车削螺纹。在工件外表面形成的螺纹称为外螺纹，在工件内表面形成的螺纹称为内螺纹，如螺栓表面的螺纹即为外螺纹。螺纹有左旋螺纹和右旋螺纹之分，当把零件沿轴线垂直放置时，螺纹旋线左端高于右端时，即为左旋螺纹。而当右端旋线高于左端时，即为右旋螺纹，一般用右旋螺纹。

(a) 紧固作用　　　　　　　　(b) 传动作用　　　　　　　　(c) 密封作用

图4-4　螺纹的作用

二、螺纹标注

普通螺纹（单线）标注格式由特征代号、公称直径×螺距和旋向组成；普通螺纹（双线）标注格式由特征代号、公称直径×导程（P螺距）和旋向组成；管螺纹的标注格式由特征代号、尺寸代号和旋向（其中，右旋螺纹省略不注，左旋用"LH"表示）组成。

特征代号如表4-6所示，当螺纹精度要求较高时，除标注螺纹代号外，还应标注螺纹公差带代号和螺纹旋合长度。螺纹公差带代号：公差带代号由数字加字母表示（内螺纹用大写字母，外螺纹用小写字母），如7H、6g等。螺纹旋合长度：旋合长度规定为短（用S表示）、中（用N表示）、长（用L表示）三种。一般情况下，不标注螺纹旋合长度，其螺纹公差带按中等旋合长度（N）确定。

表4-6 螺纹类型及特征代号

类型		特征代号	用途及说明
普通螺纹	粗牙	M	用于机械零件之间的连接和紧固，一般螺纹连接多用粗牙螺纹，细牙螺纹比同一公称直径的粗牙螺纹强度略高，自锁性能较好。粗牙螺纹不注螺距
	细牙		
管螺纹	非密封管螺纹	G	管道连接中的常用螺纹，螺距及牙型均较小，其尺寸代号以in为单位，近似地等于管子的孔径
	密封管螺纹	R Rc Rp	在一定压力下能保持管道连接处内外界的密封。代号R表示圆锥外螺纹，Rc表示圆锥内螺纹，Rp表示圆柱内螺纹
梯形螺纹		Tr	传动螺纹，用来传递双向动力
锯齿形螺纹		B	传动螺纹，用来传递单向动力

例如：M16—5g6g 表示粗牙普通螺纹，公称直径16，右旋，螺纹公差带中径5g，大径6g，旋合长度按中等长度考虑。

三、应用实例

1. 螺栓

螺栓是由头部和螺杆（带有外螺纹的圆柱体）两部分组成的一类紧固件，需与螺母配合，用于紧固连接两个带有通孔的零件。螺栓按连接的受力方式分为：普通、铰制孔；螺栓按头部形状分为：六角头、圆头、方形头、沉头；螺纹按长度分为：全螺纹、非全螺纹；螺纹按牙型分为：粗牙、细牙；螺栓按照性能等级分：3.6、4.8、5.6、6.8、8.8、9.8、10.9、12.9八个等级，其中8.8级以上（含8.8级）螺栓材质为低碳合金钢或中碳钢并经热处理（淬火+回火），通称高强度螺栓，8.8级以下（不含8.8级）通称普通螺栓。

普通螺栓按照制作精度分：A、B、C三个等级，A、B级为精制螺栓，C级为粗制螺栓。A、B级精制螺栓表面光滑，尺寸准确，对成孔质量要求高，制作和安装复杂，价格较高，已很少在钢结构中采用。A、B级精制螺栓的区别仅是螺栓杆长度不同。C级螺栓一般可用于沿螺栓杆轴受拉的连接中，以及次要结构的抗剪连接或安装时的临时固定。

螺栓标注格式：

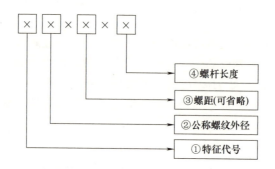

螺栓标注为 M16×70，其含义是什么？

2. 管螺纹

管螺纹有55°非密封管螺纹和55°密封管螺纹，主要用来进行管道的连接，使其内外螺纹的配合紧密，有直管和锥管两种螺纹。如图4-5所示。

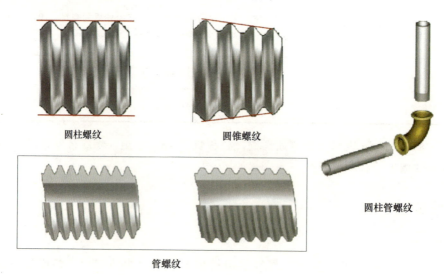

图4-5　管螺纹

常见的管螺纹主要包括NPT、PT、G等。NPT是National（American）Pipe Thread 的缩写，属于美国标准的60°锥管螺纹，用于北美地区；PT（BSPT）是Pipe Thread 的缩写，是55°密封圆锥管螺纹，属于惠氏螺纹家族，多用于欧洲及英联邦国家，常用于水及煤气管行业，锥度1∶16，国内叫法为ZG螺纹。G是55°非密封管螺纹，属惠氏螺纹家族。标记为G代表管螺纹。管子螺纹连接，通常内接管采用锥管螺纹（ZG，比如四分锥管螺纹 ZG1/2″），外接头采用管螺纹（G，比如四分管螺纹 G1/2″），见图 4-6。

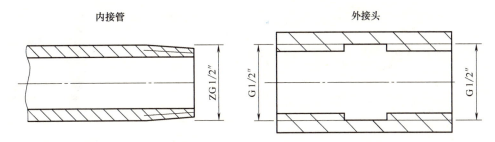

图4-6　管子螺纹连接示意图

任务实施

一、设备与工具

螺纹连接使用的工具主要有管钳，见图 4-7。管钳是靠两个齿形钳牙来夹紧并转动管子或其他圆筒形表面的一种钳子。使用方法：要选择合适的规格；钳头开口要等于工件的直径；钳头要卡紧工件后再用力扳，防止打滑；管钳的牙和调节环要保持清洁。

螺纹连接密封材料主要是生料带，见图 4-8。生料带是一种白色不透明膜状聚四氟乙烯制品，具有耐腐蚀的特点，主要用于管件接口连接处，防止接口漏水，增强管道连接处的密闭性。生料带使用操作简单，应用普遍。

图4-7　螺纹连接主要工具

图4-8　螺纹连接密封材料

二、操作指导

此处压力表的安装为螺纹连接，采用生料带作为密封材料，操作步骤见表 4-7。
注意事项：
① 根据螺纹判断方向，确定生料带缠绕方向。
② 根据实际情况，确定生料带缠绕层数。

表4-7 压力表安装一般操作步骤

操作步骤	操作方法与规范	操作图示
1. 穿好个人防护装备	个人防护装备（PPE）包括工作服、工作鞋、安全帽、防护手套等	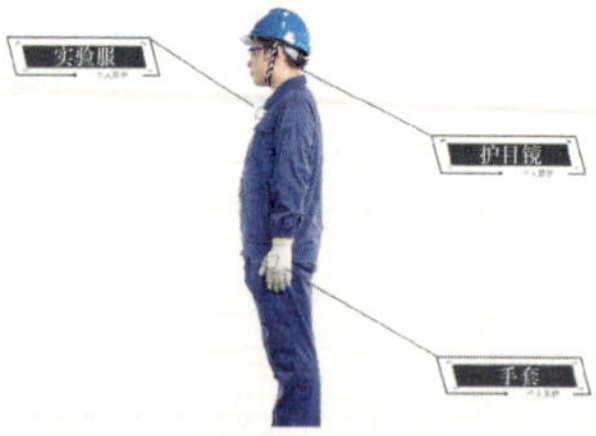
2. 准备工具	根据实际情况选择合适的工具，这里可选用活扳手或呆扳手（规格尺寸对应）、生料带，待装压力表已校准合格	
3. 螺纹处清理	将压力表的螺纹处异物清除干净，待接管道螺纹处异物也同样清除干净	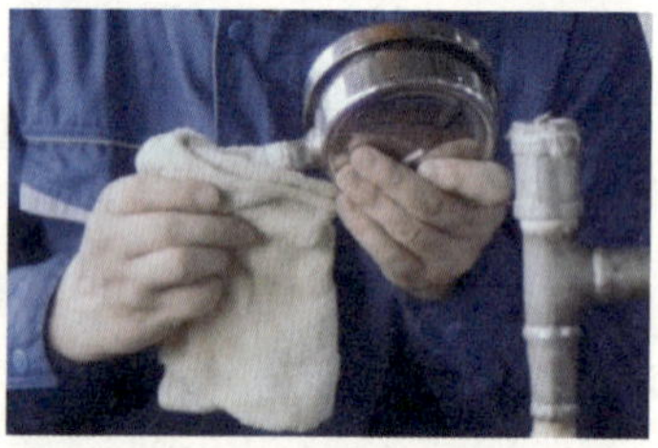
4. 缠绕生料带	缠绕生料带时，一定要与外螺纹旋转的方向相反（通常为顺时针方向），且缠绕圈数适当，过少会影响密封性，过多会影响紧固效果，螺纹咬合不牢。一般缠绕5圈左右	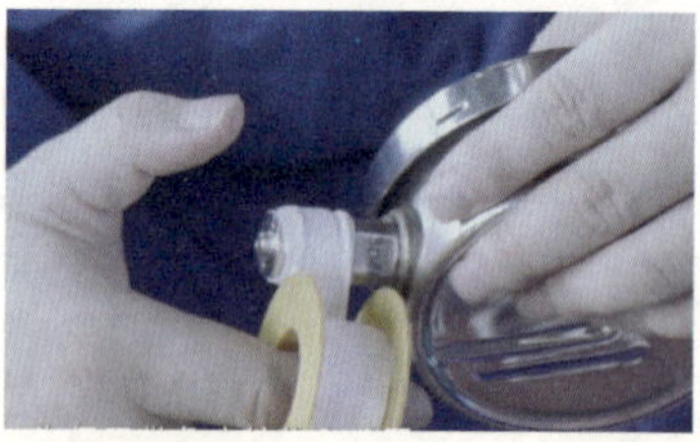
5. 安装压力表	把压力表垂直于地面安装，先用手拧压力表，待手拧不动时，采用扳手拧紧，注意扳手拧的方向	
6. 安装检查	生料带需平整贴合，压力表的表盘应朝着调节此压力的操作者能清晰观察的方向。若有错位需要卸下压力表重复步骤3至步骤5。采用改变生料带缠绕圈数的方法调整角度	

续表

操作步骤	操作方法与规范	操作图示
7. 整理工具，注意清洁现场卫生	收集整理工具，注意清洁现场，工具放至指定地点	

③ 若在缠绕生料带过程中发现问题，包括方向错误、缠绕过松、位置偏移等现象，应立即停止本次操作，并清理螺纹中残留的生料带后再进行一次操作。生料带缠绕标准见图 4-9。

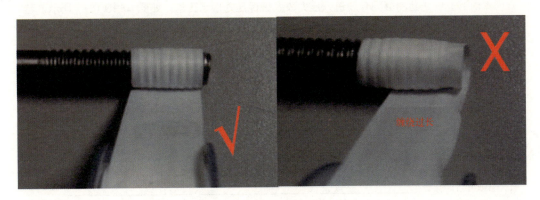

图 4-9　生料带缠绕标准

④ 螺纹连接好的部位一般不退回，否则容易引起泄漏。一旦退回需要清理螺纹中残留的生料带，重新缠绕生料带安装。安装压力表时，手不能按压压力表盘面，防止压力表损坏或精度受影响。

三、安全与环保

（1）个人防护用品需检查后进行穿戴，如安全帽、护目镜等。
（2）安装操作过程中严禁奔跑、打闹，严禁抛扔零件或工具。
（3）生料带缠绕层数不宜过多，避免造成耗材浪费。
（4）现场地面散落的生料带等杂物需要及时捡起来，始终保证操作过程中的 6S 管理。

实战演练　压力表安装（螺纹连接）

见本书工作页，项目七　压力表安装（螺纹连接）。

螺纹连接

化工管路拆装

> **拓展阅读**
>
> 在蒸汽或介质温度超过 60 ℃ 的管道上安装压力表，为了防止过热而影响压力表内部元件，在压力表与压力表引出阀之间应该加 U 形或环形冷却弯管，如图 4-10（a）所示。若被测量介质在低温下容易凝固，则在压力表与压力表引出阀之间应该加隔离封包，封包中灌注的隔离液可以防止易凝固介质进入压力表，确保压力指示正常，如图 4-10（b）所示。若测量往复式压缩机后柱塞泵隔膜泵的出口的脉动压力时，为了防止压力表疲劳损坏及确保测量精度，则在压力表与压力表引出阀之间应该加隔膜缓冲器，有必要时还可以加阻尼器，如图 4-10（c）所示。
>
>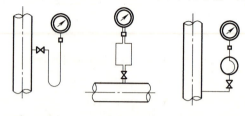
>
> (a) 加U形弯管　(b) 加隔离封包　(c) 加隔膜缓冲器
>
> 图 4-10　安装压力表

巩固练习

1. 螺纹的作用有＿＿＿＿＿＿＿、＿＿＿＿＿＿＿、＿＿＿＿＿＿＿。
2. 螺纹连接可采用＿＿＿＿＿＿＿＿＿＿和＿＿＿＿＿＿＿＿＿＿来密封。
3. 螺纹连接用到的工具有＿＿＿＿＿＿＿＿＿＿＿＿＿＿＿＿。
4. 锥管螺纹用代号＿＿＿＿表示，直管螺纹用代号＿＿＿＿表示。
5. 判断：螺纹连接时缠绕生料带没有方向要求。（　　）
6. 写出下列螺纹标注的含义。
   （1）M16—5g6g
   （2）M16×1LH6G
   （3）M10—6g7g
7. 说一说生活中哪些地方使用螺纹。
8. 压力表安装有哪些注意事项？

学习情境五
管路系统测试

情境描述

　　管道安装工程完工后，建设单位（监理单位）应按设计文件对工程质量进行全面的检查和验收。其中，管路系统强度及严密性试验是管路在初次运行前进行的一项关键检验工序。现小王将分别对安装后的管道进行水压试验和气密性试验。

任务一　水压试验

任务描述

施工部门根据图纸和规范已完成管线安装，按照要求需要对已完成的管路系统注入符合要求的水介质，加压到一定压力后进行检查。小王作为试验负责人，在接到任务后认真分析，掌握水压试验的相关知识，选择合适的工具，按照标准及规范要求进行水压试验。

学习目标

1. 能判断管道是否满足水压试验具备的条件。
2. 能根据管道设计压力和设计温度确定水压试验压力。
3. 会正确使用手动试压泵。
4. 能按照水压试验程序进行管道水压试验操作。
5. 通过水压试验前的风险识别和应急预案制订，确保操作安全，提高安全意识。

知识准备

水压试验在工业中应用广泛，如水压探伤，小型阀门、压力容器、各种金属和非金属管材的耐压和爆破测试，压力仪器、仪表的压力检测和校准等。管道水压试验分为水压强度试验和水压严密性试验，水压强度试验即耐压试验，其目的是检验管路系统是否能够承受规定的压力，以便发现设计或安装方面的隐患；水压严密性试验，其目的是检验管路系统密封情况。

一、水压试验管道条件

（1）管道及支、吊架等系统施工完毕，检修记录齐全并经检验合格，试验用临时加固措施确认安全可靠。

（2）将不参与试验的系统、设备、仪表及管道等隔离。拆除安全阀、爆破片。

（3）管道强度试验，凡是管内充水后不会对管线本身或其他与之相连的设备产生损坏的，都应首先考虑采用水压试验。不宜进行水压试验的管线，可以采用空气或氮气试压。

二、水压试验水质要求

（1）按照《压力管道安全技术监察规程——工业管道》（TSG D0001—2009）规定，试验流体应使用洁净水,当对奥氏体不锈钢管道或对连有奥氏体不锈钢组成件或容器的管道进行试验时,水中氯离子含量不得超过 50 μL/L（50 ppm）。

（2）如果水对管道或工艺有不良影响,有可能损坏管道时,可使用其他合适的无毒液体。当采用可燃液体进行试验时,其闪点不得低于 50 ℃,且应考虑到试验周围的环境。

（3）对于碳钢之类有脆性断裂倾向的管道,试验用液体的温度不得低于 5 ℃。

（4）倘若试验用水的温度使管道外表面结露（冒汗）,为避免检查泄漏时真假难辨,必须将水加热到露点以上,或暂停试验,等候露点温度降到管道外表面不再出现结露时为止。

（5）在对管道系统进行加压之前,管子和水的温度应大体相等。

三、管道组成件要求

（1）在新建的管路系统中,凡与管道的充灌、放气、排液或冲洗不相适应的管道组成件,在管道的冲洗和压力试验完成之前,皆不得安装。这些管道组成件是指孔板流量计、喷管、视镜、文丘里管以及其他安装在管道上的设备。

（2）压力表和记录仪。

① 压力试验之前应校准压力表和记录仪,校准周期不得大于 1 年。压力试验开始前应出示校准证明,应在压力表和记录仪上贴有标签,说明最近一次的校准日期。

② 压力表应设置在压力源出口处以及试验回路的低位,并与管道直接连接；压力表的表盘直径应大于或等于 110 mm；压力表的量程应不小于试验压力的 1.5 倍,但也不大于 2.5 倍,并随附证明文件说明盘面刻度校准误差在 2% 以内,精度不低于 1.6 级。每一试验回路应设置压力表不少于两块。

③ 倘若试验管道很大,业主负责确定是否需要增加压力表的设置。

④ 压力表应在使用三次（三个试验回路）后重新校准。

（3）在位于第一个截断阀之前的仪表管道和取样管道,应与被连接的管道或设备一起进行压力试验。

四、水压试验压力

（1）水压强度试验压力应按下述规定。

① 不得低于 1.5 倍设计压力。

② 设计温度高于试验温度时,试验压力应不低于下式计算值。

$$p_T = 1.5 p S_1 / S_2$$

式中　p_T——试验压力,MPa；
　　　p——设计压力,MPa；
　　　S_1——试验温度下,管子的许用应力,MPa；
　　　S_2——设计温度下,管子的许用应力,MPa。

当 S_1/S_2 大于 6.5 时,取 6.5。

③ 对位差较大的管道,应以最高点的压力为准,将试验介质的静压计入试验压力。

$$S_H = 0.01(H - G)$$

$$p_{sT} = p_T + S_H$$

式中　H——压力表位置标高（管道顶点标高），m；
　　　G——管道底部标高，m；
　　　S_H——静压头，MPa；
　　　p_{sT}——加入静压头之后的最低试验压力（表压）；
　　0.01——换算系数［压头，米（m），换算为兆帕（MPa）］。

（2）水压严密性试验压力不得低于1.1倍设计压力；管道设计温度高于试验温度时，最低试验压力 $p_T=1.1pS_1/S_2$；若考虑静压头，水压严密性试验压力与水压强度试验压力计算公式相似。

（3）带有容器的管路系统水压试验压力。

① 当管道试验压力等于或小于容器的试验压力时，应按管道的试验压力进行试验。

② 当管道试验压力大于容器的试验压力，而且要将管道与容器隔开也不切合实际，且容器的试验压力大于或等于77%按上述公式计算的管道试验压力时，则在业主或设计人员同意下，可按容器的试验压力进行试验。

（4）对承受外压的管道，试验压力应为设计内、外压差的1.5倍，并不得低于0.2 MPa。

任务实施

一、设备与工具

水压试验中常用的设备是试压泵，俗称水压机。手动试压泵技术参数包括最高工作压力（单位为MPa）和最高排量（单位为mL/次）。手动试压泵由泵体、进水阀、柱塞、开关、单向阀、压力表、水箱和手柄等组成，如图5-1所示。

（1）手动试压泵工作原理　柱塞通过手柄上提时，泵体内产生真空，进水阀开启，清水经进水滤网、进水管进入泵体；手柄施力下压时进水阀关闭，出水阀顶开，输出压力水进入被测器件，如此往复进行工作，实现额定压力的试压。

图5-1　手动试压泵

（2）手动试压泵操作流程　首先水箱内装足够量的洁净水，将手柄安装好，检查吸水管是否沉入水中；然后顺时针按紧开关，使其在"供压"位置；接着手柄向上运动时，介质经吸水管或滤油器、进水阀，被吸入高压水缸；手柄向下运动时，水缸内介质经单向阀、出水接头，被压入被测容器内；最后将开关逆时针拧松，介质流向水箱。

（3）手动试压泵故障排除　手动试压泵操作中常见故障有打压不吸水和打压无力，故障排除方法见表5-1。

表5-1　手动试压泵常见故障及排除方法

故障现象	故障排除方法
手柄向上运动时，不吸水	①检查滤网上是否有杂物
	②检查进水阀内是否有污物
	③检查开关是否拧紧

续表

故障现象	故障排除方法
手柄向下运动时，无力	①检查开关是否拧紧 ②检查活塞杆的密封圈是否有破损 ③检查出水接头内的单向阀是否有杂物

此外，水压试验中需要使用的其他工具有：隔离用的盲板，管路拆装用的梅花扳手、呆扳手等，工具必须选择合适的尺寸大小以及强度等级。

二、风险识别与实施计划

水压试验由于是超设计参数的试验，在试验过程中具有一定的危险性，风险主要来自人身安全和系统及系统部件安全。试验前，首先进行风险识别，针对危险因素提出相应的防范措施，制订包含应急预案在内的水压试验实施计划。

（1）风险识别　水压试验风险识别首先要明确水压试验具体的工作任务，即明确水压试验部位、水压试验类型（强度试验/严密性试验），收集管路系统参数，如管道尺寸大小，管道设计压力和设计温度，管路相关设备和仪器、仪表参数，以及管道及相邻管道物料性质和工艺参数等信息。风险识别也是任务分析的过程。

（2）实施计划　实施计划包括时间、人员分配、设备工具以及操作内容等要素，其关键是操作的安全与规范，按照《工业金属管道工程施工规范》（GB 50235—2010）要求，结合具体风险预防措施制订水压试验实施计划，包括系统隔离、个人防护装备正确配置、应急预案制定与落实等。

（3）应急预案　制订水压试验应急预案是为了实现应急救援行动的快速、有序、高效，有效地避免或降低人员伤亡和财产损失。应急预案落实需要：
① 成立应急救援小组：明确人员；
② 掌握人员事故应急措施：现场急救、拨打120、上级通报；
③ 配备应急物资：消毒用品、急救物品（绷带、无菌敷料）及各种常用小夹板、担架、止血袋、氧气袋等。

三、操作指导

依据《工业金属管道工程施工规范》（GB 50235—2010），管道水压试验操作可参照表5-2操作步骤和规范执行。

表5-2　管道水压试验一般操作步骤与规范

操作步骤	操作规范与要求	操作图示
1.正确穿戴合适的个人防护用品（PPE）	PPE包括工作服、工作鞋、安全帽、防护手套、防护眼镜等	

续表

操作步骤	操作规范与要求	操作图示
2. 准备适用的水压试验工具	工具包括盲板、梅花扳手、呆扳手、手动试压泵等	
3. 作业现场拉警戒线	当进行压力试验时,应划定禁区,无关人员不得进入	
4. 检查待水压试验管道	将待试管道与无关管道用盲板隔离,将待试管道上安全阀、爆破片、仪表元件等拆卸或隔离	 对该段管道两端采用盲板隔离
5. 检查手动试压泵	检查手动试压泵水箱、压力表、压杆、快速接头等部件,向手动试压泵内注洁净水,用软管连接待试管道	

续表

操作步骤	操作规范与要求	操作图示
6. 待试管道灌水排气	打开系统最高点的放气阀,关闭系统最低点的泄水阀,向系统灌水。待排气阀连续不断地向外排水时,关闭放气阀	
7. 升压	用手动试压泵打压,使待试管道缓慢、平稳升压至试验压力	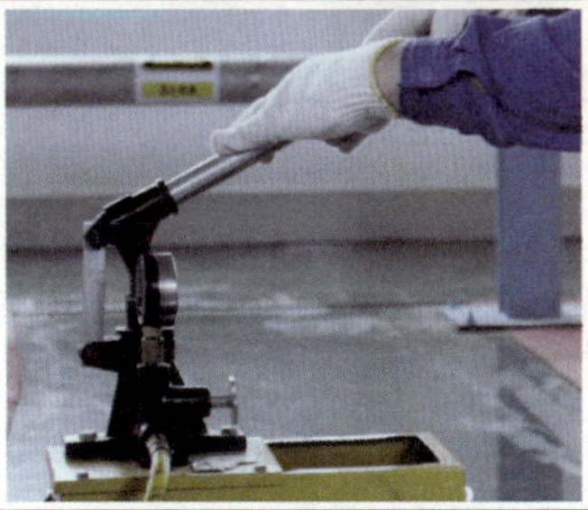
8. 稳压、检查	稳压 10 min,再将压力降至设计压力,停压 30 min,检查压力表有无压降、管道所有部位有无渗漏	管道水压试验曲线图 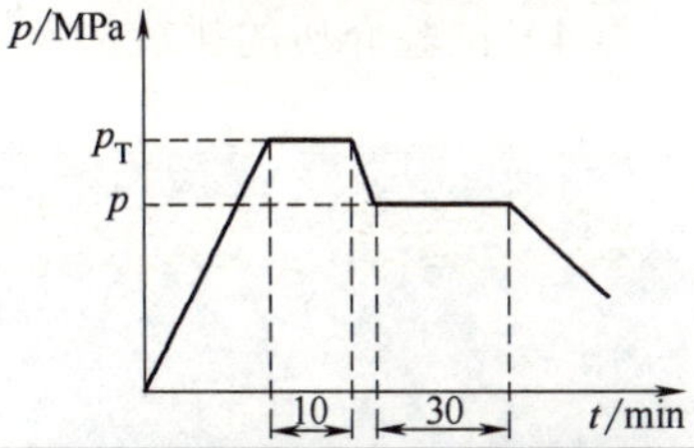
9. 泄压	试验合格后,打开泄水点阀门逐渐泄压,注意泄压速率 $\leqslant 0.1$ MPa/min,将水排至指定地点,当压力表指针接近 0.05 MPa 时,及时打开高点排空阀,平衡系统内压	
10. 恢复管路	拆除临时管线、压力表。拆除临时盲板,按图纸要求复位阀门、仪表。填写检验报告	

续表

操作步骤	操作规范与要求	操作图示
11. 整理工具，清理现场	整理所有工具并放回原位；打扫作业现场，保证地面和设备外表面无积液	

四、安全与环保

（1）管道强度试验通常以液体为介质，严禁随意用气体作为压力试验介质。

（2）试验过程中发现泄漏时（压力表读数下降），不得带压处理，应消除缺陷后重新进行试验。

（3）在保压期间不得采用连续加压的做法维持压力不变，也不得带压紧固螺栓或向受压元件施加外力。

（4）试验介质的排放应符合环保要求。

实战演练　水压试验

见本书工作页，项目八　水压试验。

水压试验

拓展阅读

水压试验在石油化工企业工业管道完成检维修再次运行前常被运用，此时常用打压泵（通常为系统自带泵）。常见操作方法是将待试管路系统高位排放口阀门逐渐关小以达到管路系统试验压力，水压试验稳压时间也需依据实际管路系统大小调整。

巩固练习

1. 水压试验流体应使用_____，当对奥氏体不锈钢管道或对连有奥氏体不锈钢组成件或容器的管道进行试验时，水中_____含量不得超过 50 ppm（50 μL/L）。

2. 不宜进行液压试验的管线，可以采用_____或_____试压。

3. 对于碳钢之类有脆性断裂倾向的管道，试验用液体的温度不得低于_____。

4. 通常容器的压力试验应首先选择液压而不是气压，根本原因是（　　）。

A. 方便 B. 安全 C. 精确

5. 压力试验用压力表的最大量程应为最高工作压力的（ ）倍。
A. 1.5～3 B. 2～3 C. 1～2 D. 2～4

6. 试验压力是为了对整个管路进行（ ）而规定的一种压力。
A. 强度试验 B. 严密性试验
C. 气密性试验 D. 强度和严密性试验

7. 某金属管道设计压力为 1.2 MPa，设计温度为 250 ℃，现需要在 20 ℃环境温度下对其进行管道水压强度试验，请计算该管道的最小水压强度试验压力，并画出曲线图。（已知该金属材料在 20 ℃和 250 ℃的许用应力分别为 137 MPa 和 90 MPa）

8. 通过企业咨询或查询资料，写出哪些生产实际情况下的管道不宜用水进行耐压试验。

任务二　气密性试验

任务描述

施工部门根据图纸和规范已完成管线安装，按照要求对已完成的管道系统进行气压试验检查。小王接到任务后，认真分析，掌握气压试验的相关知识，选择合适的工具，按照标准及规范要求进行管路系统测试。

学习目标

1. 能区分气压试验和气密性试验的不同。
2. 能根据管道设计压力确定气压试验压力和气密性试验压力。
3. 了解气体输送机械，会启动空气压缩机系统。
4. 能按照气密性试验程序进行管道气密性试验操作。
5. 通过气密性试验严格、规范的操作，培养学生认真、严谨的工作态度，以及交流沟通、团结协作的能力。

知识准备

用气体介质进行管道强度试验，称为气压试验；用气体介质进行管道严密性试验，称为气密性试验，也叫泄漏性试验。由于气体具有可压缩性，压缩气体中蓄积的能量可能意外释放，所以气压试验和气密性试验都带有一定的危险性。气压试验通常是实际无法进行水压试验的替代试验，而气密性试验实际应用较为普遍。

一、气压试验

按照 GB 50235—2010 规定：当管道的设计压力小于或等于 0.6 MPa 时，可采用气压试验，但应采取有效的安全措施；当管道的设计压力大于 0.6 MPa，设计或建设单位认为液压试验不切实际时，可按规定的气压试验代替水压试验。试验介质应采用干燥洁净的空气、氮气或其他不易燃和无毒的气体。

在以下情况下气压试验可用于代替水压试验：

（1）当管道组成件、附件或整个管道系统的设计和支撑都不能安全地灌装水时；

（2）当管道组成件、附件或整个管道系统都不易烘干，而在管道工作期间，又不允许有试压而残留的水分时；

（3）在取水十分艰难的场合下。

以气压代替水压有很大风险，但也有很大好处，主要是可以节约水资源，可以与管道的吹扫和烘干同时进行，气压试验对支撑的要求较小。其最大好处是可大大节约资源和成本。

二、气密性试验

输送极度和高度危害介质以及可燃介质的管道，必须进行气密性试验。气密性试验在压力试验合格后，按设计文件的规定进行。气密性试验检查重点是阀门填料函、法兰或者螺纹连接处、放空阀、排气阀、排水阀等。气压试验合格，在试验后未经拆卸过的管道可不进行气密性试验，相反，凡拆卸过的管道都需要进行气密性试验查漏。

气密性试验介质宜采用空气，当设计文件和相关标准规定以卤素、氦气、氨气或其他方法进行试验时，应按相应的技术规定进行。

三、试验压力

1. 气压试验压力

（1）气压试验时，脆性破坏的可能性应减至最低程度，设计在选材时必须考虑试验温度的影响，严禁试验温度接近金属的脆性转变温度。设计温度高于试验温度时，试验压力应不低于下式计算值：

$$p_T = 1.15 p_D$$

式中　p_T——试验压力，MPa；

　　　p_D——设计压力，MPa。

（2）试验前，应用空气进行预试验，试验压力宜为 0.2 MPa。试验时应装有压力泄放装置，其设定压力不得高于 1.1 倍试验压力。

试验时，应逐级缓慢增加压力，当压力升至试验压力的 50% 时，稳压 30 min，如果未发现管道出现异常或泄漏，可继续按试验压力的 10% 逐级升压，每级稳压 3 min，直至升到试验压力。在试验压力下稳压 10 min，再将压力降至设计压力，然后用中性发泡剂对试验系统仔细巡回检查，以无泄漏为合格。

2. 气密性试验压力

气密性试验压力应为设计压力。

气密性试验应逐级缓慢升压，当达到试验压力，停压 10 min 后，用涂刷中性发泡剂的方法，巡回检查所有密封点，以无泄漏为合格。

四、气体输送机械

化工装置管道中气体的输送借助于压差。根据压差大小以及压差是大于还是小于大气压，区分不同的气体输送方式和机械，示意图见图 5-2。

气体输送设备是产生负压或者过压的机械，见图 5-3。其特征数据是输送流量和产生的压力。根据产生压力的总数划分输送设备：

（1）压缩机　提供 0.3～100 MPa 甚至更高的压力。

（2）鼓风机　产生 0.13～0.3 MPa 的压力。

（3）通风机　产生 0.1～0.13 MPa 的压力。

（4）真空泵　形成负压。

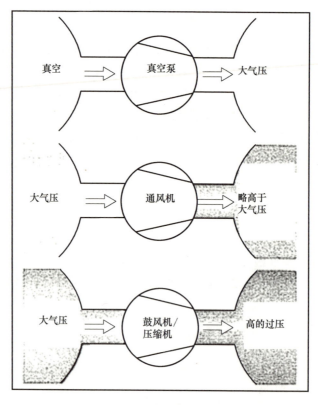

图5-2 不同气体输送方式和机械示意图

(a) 轴流通风机　　(b) 离心鼓风机　　(c) 离心式空气压缩机　　(d) 罗茨真空泵

图5-3 气体输送设备

任务实施

一、设备与工具

气密性试验中主要设备有空气压缩机，简称空压机（air compressor），它是气源装置中的主体，是将原动机（通常是电机）的机械能转换成气体压力能的装置，是压缩空气的气压发生装置，是利用空气压缩原理制成超过大气压力的压缩空气的机械。

（1）空气压缩机分类及原理　按照压缩空气的方式不同，空压机通常分为两大类，一类是容积式，另一类是动力式。容积式压缩机又分为往复式压缩机、回转式压缩机，它们通过封闭气体和减小该气体的空间进行压缩；动力式压缩机分为透平式压缩机（轴流式压缩机、离心式压缩机）和喷射式压缩机。气体在一个工作轮中被强力加速，并在连接的扩散器中减速，实现压缩。如果要达到较高的压力，可多级压缩，在压缩级之间，气体流经冷却器冷却至出口温度。

（2）空气压缩机系统及操作流程　如图5-4所示，空气压缩机系统由螺杆式空气压缩机、储气罐、压缩空气干燥机（冷干机）、过滤器（油水分离器）组成。

图5-4　空气压缩机系统

空气压缩机系统投运操作步骤为：
① 检查压缩机油位、储气罐安全阀、压力表、排气管路是否通畅；
② 打开总电源，按干燥机启动按钮；
③ 启动压缩机开始按钮；
④ 观察压力表读数，待有压力缓慢上升后，打开储气罐底阀，排尽垃圾和冷凝液后关闭，打开过滤器底阀，排尽垃圾后关闭，压缩机自动启动关停维持压力在 0.8 MPa 左右。

停运操作步骤为：
① 关停压缩机；
② 关停干燥机；
③ 排冷凝液；
④ 关闭总电源。

此外，气密性试验中需要使用的其他设备工具有：减压阀、盲板、梅花扳手、呆扳手、快速软管、装有肥皂水喷壶、清洁打扫工具等。

二、试验准备

（1）对每一试验回路均应编制书面的试验规程，规程应含以下内容：
① 规定试验期间管道的最低温度；
② 在被试管道区域内禁止人员进入的措施；
③ 在达到最高试验压力时，管道中蓄积的能量。

（2）以空气进行气压试验时，如该管道曾经输送过易燃液体，则应有防止易燃气体与空气混合产生爆炸的措施。

（3）如采用压缩空气，则压缩空气应是干燥的（露点 -40 ℃）、无油、无尘粒和无其他外来夹杂物的，也可采用干燥的氮气。如在局部区域内有可能释放出气体（如氮气），则必须有防止窒息的措施。

（4）试验前应将管道内的水和凝结水放尽。

（5）在试验回路中应设置泄压阀，泄压阀的设定压力为试验压力 +35 kPa 或试验压力 +10% 试验压力，取二者中的较小值。

三、操作指导

依据《工业金属管道工程施工规范》（GB 50235—2010），管道气密性试验操作可参照表 5-3 操作步骤和规范执行。

表 5-3　管道气密性试验一般操作步骤与规范

操作步骤	操作规范与要求	操作图示
1. 正确穿戴合适的个人防护用品（PPE）	PPE 包括工作服、工作鞋、安全帽、防护手套、防护眼镜等	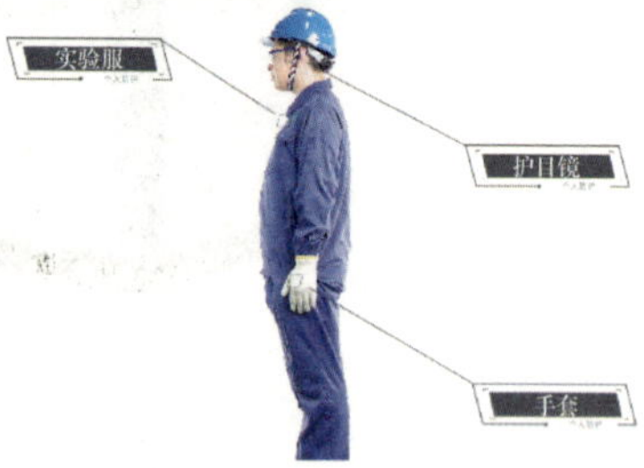
2. 准备适用的气密性试验工具	工具包括盲板、隔离锁具、梅花扳手、呆扳手、快速软管、装有肥皂水喷壶等	
3. 作业现场拉警戒线	当进行压力试验时，应划定禁区，无关人员不得进入	
4. 隔离、上锁、挂牌	待试管道与无关管道用盲板隔离，并且上锁挂告知牌	

续表

操作步骤	操作规范与要求	操作图示
5. 排液	打开低位排放阀，必要时用吹扫，将待试管道内液体排尽，关闭排放阀	
6. 气源准备	空压机系统打开，确认进入装置前的压缩气体管线上减压阀已打开，用快速软管将压缩气体公用管路与被试管道连接	
7. 升压	缓慢打开气压管线上控制阀门，逐级缓慢升压至试验压力后关闭控制阀	
8. 稳压、检查	停压 10 min 后，应采用涂刷中性发泡剂等方法，巡回检查所有密封点，无泄漏为合格	
9. 泄压	试验合格后，缓慢打开泄压阀，将压力清空	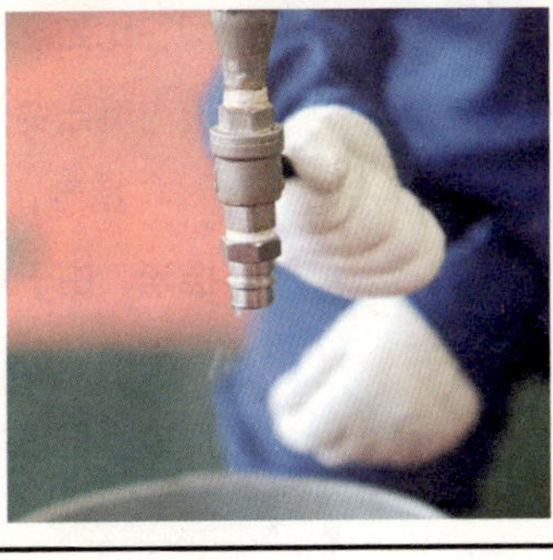

续表

操作步骤	操作规范与要求	操作图示
10. 恢复管路	拆除快速软管，阀门解锁，拆除临时盲板，填写试验报告	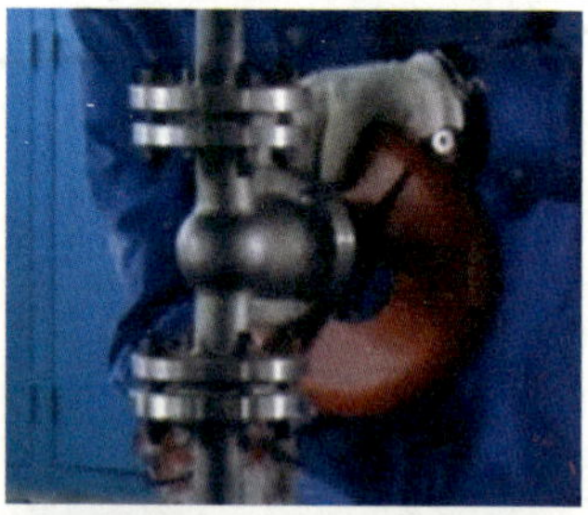
11. 整理工具，清理现场	整理所有工具并放回原位；打扫作业现场，保证地面和设备外表面无积液	

四、安全与环保

（1）开关压缩空气阀门时一定要缓慢，同时观察压力表的数值变化；

（2）稳压检查期间，如发现泄漏，不得带压操作，必须将管道内压力卸完后再进行紧固调节等操作，然后重新加压检查试漏；

（3）严禁带压拆卸气压快速软管。

实战演练　气密性试验

见本书工作页，项目九　气密性试验。

气密性试验

拓展阅读

在化工生产实际中，管道气密性试验通常会根据实际需要稳压更长时间，比如 24 h，若采用压缩空气作为试验介质，需要考虑昼夜气温变化对管道内气压变化的影响。

据悉，当前采用氦气来检查气密性，即"氦检漏"技术越来越受企业的推崇。由于氦原子半径很小，容易穿过小洞而进入管壳内部，所以该法能检测出尺寸很小的小洞（能够检测出漏气速率为 $10^{-12} \sim 10^{-11}$ cm^3/s 的小洞），灵敏度可与放射性检漏方法匹敌，检测方法简便。

巩固练习

1. 气密性试验检查重点是阀门____、法兰或螺纹____、____阀、____阀等。
2. _____是气源装置中的主体，它是将原动机（通常是电机）的机械能转换成气体压力能的装置。
3. 判断：气压试验可大大节约资源和成本，通常作为管道耐压试验首选。（   ）
4. 判断：脆性材料管道严禁使用气体进行压力试验。（   ）
5. 输送气体压力略大于大气压的气体输送机械是（   ）。
   A. 压缩机　　　　B. 鼓风机　　　　C. 通风机　　　　D. 真空泵
6. 已知某管道的工作压力为 0.4 MPa，请将下列与之相关的压力按照从小到大顺序排列：①管道设计压力，②管道水压试验压力，③管道气密性试验压力，④管道气压试验压力，⑤管道上安全泄压阀设定压力。

7. 写出空气压缩机系统启动和停运步骤。
8. 管道气密性试验有哪些安全注意要点？

学习情境六
管路系统运行

情境描述

A 装置技术改造项目管路系统安装、检验与验收等工作已经结束，装置将投入运行。管路系统的任务是输送流体，即将流体从低处输送至高处、从低压输送至高压。现小王需要了解流体输送机械，并能正确操作，实现流体输送的目的，其中常见的液体输送机械是离心泵和往复泵。

任务一 离心泵的运行

任务描述

小王是 A 装置副操,他所在的 A 装置是连续生产装置,液体输送设备以离心泵为主,需要定期维护和保养,泵设备经一定时间的连续运行后可能出现故障,如泵泄漏、振动异常等。小王和他的工作班组的日常工作包括设备常规巡检、清洁、填写运行记录表(卡)等,同时在必要时进行离心泵的切换、离心泵的串并联操作,并且在离心泵出现故障时进行离心泵停车,交付专业技术人员,待检修完成,负责开泵操作。

学习目标

1. 能区分流体输送机械的工作类型。
2. 能区分离心泵填料密封材料的种类,画出离心泵机械密封结构。
3. 能说出离心泵结构名称,会拆装离心泵。
4. 会离心泵开车、停车、切换、串联、并联等操作。
5. 通过选择、整理工具培养学生的 6S 管理理念。
6. 通过离心泵拆装操作养成细致、严谨的工作态度。

知识准备

一、流体输送机械

流体输送机械是管路系统运行的关键设备,不仅要求运行可靠,操作效率高,日常费用消耗低,更需要满足工艺上对被输送流体的流量和压力的要求。实际生产中,针对被输送流体的不同特征(包括黏度、腐蚀性、可燃性及爆炸性、含固体杂质以及温度等情况),需要选择类型适用的输送设备。

(1)流体输送机械类型 流体分为液体和气体。液体输送机械与气体输送机械的基本类型及操作原理类似,可分为离心式、往复式、旋转式和流体作用式,往复式和旋转式统称为容积式(又称正位移式)。常见流体输送设备分类见表 6-1。

表 6-1 常见流体输送设备分类

项目	离心式	往复式	旋转式	流体作用式
液体	离心泵 漩涡泵 磁力泵	隔膜泵 活塞隔膜泵 柱塞泵	齿轮泵 螺杆泵 轴流泵	蒸汽喷射泵

续表

项目	离心式	往复式	旋转式	流体作用式
气体	离心通风机 离心鼓风机 离心压缩机	活塞压缩机 活塞真空泵	罗茨风机 螺杆压缩机 液环真空泵	喷射真空泵

（2）流体输送机械图形符号　表6-2所列为德国标准（DIN）下的常见泵的图形符号。

表6-2　常见泵的图形符号

符号	名称	符号	名称
◯(△)	通用泵	◯(▽)	隔膜泵
◯(△分)	离心泵	◯(∞)	齿轮泵
◯(△□)	容积泵	◯(∧∧)	螺杆泵
◯(△⊥)	活塞泵	◯(◁▷)	喷射泵

二、离心泵的结构

离心泵是依靠高速旋转的叶轮所产生的离心力对液体做功的流体输送机械，主要结构部件有：叶轮、泵轴、轴封（填料密封、机械密封、干气密封、迷宫密封）、轴承、泵壳等。机械密封离心泵的结构见图6-1。多级离心泵还采用导叶作为转能装置，把叶轮甩出来的液体收集起来；通常用叶轮后盖板处开平衡孔的方式平衡轴向力；有的离心泵为了提高抗汽蚀性能而在叶轮上游安装前置诱导轮。

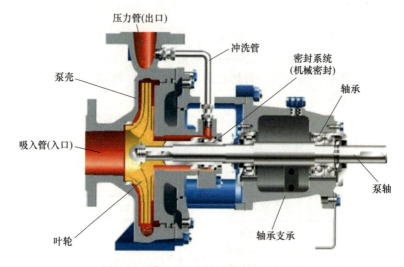

图6-1　离心泵（机械密封）结构图

（1）叶轮　叶轮是离心泵中传递能量的部件，是运送液体的主体部件，通过它将电机轴输送的机械能转变为液体的静压能和动能，依靠叶轮高速旋转对液体做功而实现液体的输送。叶轮一般由轮毂、叶片和盖板三部分组成。叶轮的盖板有前盖板和后盖板之分，叶轮入口侧的盖板称为前盖板，另一侧的盖板称为后盖板。按照叶轮叶片两侧是否安装盖板，可将叶轮分为闭式、半开式和开式；按照叶轮吸液方式可分为单吸式和双吸式。图6-2为叶轮的形式。

(a) 闭式　　　(b) 半开式　　　(c) 开式　　　(d) 双吸式

图6-2　叶轮的形式

闭式叶轮扬程和效率均较高，广泛用于无杂质流体介质的输送；半开式叶轮可用于输送含固体颗粒的液体；开式叶轮扬程较低，主要用于输送磨损性介质和泥沙；前置诱导轮开式叶轮主要适用于高转速、高扬程的泵和输送容易汽化的流体。

单吸式离心泵由叶轮一侧吸液，结构简单，由于叶轮两侧受力不均会造成轴向推力不平衡现象，适用于小流量范围；双吸式离心泵相当于两个大小一致的叶轮组合运行，可自动平衡轴向推力，运行平稳且不容易产生汽蚀。双吸式离心泵具有流量大的特点，适用于大流量介质输送，只是较单吸泵多了一个密封腔，成本提高了。

（2）泵轴　泵轴带动叶轮做高速旋转运动，能够传递动力并支承叶轮保持在工作位置正常运转，要有足够的抗扭强度和刚度。泵轴一端通过联轴器与电机轴相连，另一端支撑着叶轮做旋转运动，轴上装有轴承、轴向密封等零部件。

（3）轴承　轴承起支承转子质量和承受力的作用，可以支撑施加在叶轮上的液压负荷、叶轮和泵轴的质量以及联轴节和驱动系统产生的负荷。轴承也能将泵轴的轴向和径向偏差保持在叶轮和轴封所允许的范围内。轴承可分为滚动轴承和滑动轴承，使用何种轴承根据驱动方式和应用场合来选择。轴承一般用润滑脂和润滑油润滑。

（4）泵壳　泵壳（或称壳体）是泵结构的中心，与安装轴承的托架相连接，起到支撑固定的作用，具有汇集液体和能量转化的双重功能。为了将叶轮装入叶轮运转空间，泵壳需制成剖分式。

（5）密封系统　泵密封系统的任务是隔离输送腔（蜗壳）与周围环境。一方面是不让工作液体流到外面，避免输送介质泄漏造成环境污染、介质损耗、中毒伤害、火灾爆炸等事故，另一方面是防止环境空气窜入泵体造成机泵抽空或空气中的氧气与介质发生化学反应。

 填一填

概括离心泵各部分结构的作用，填入表6-3。

表 6-3 离心泵各部分结构作用

序号	结构名称	结构作用
1	叶轮	
2	泵轴	
3	轴承	
4	泵壳	
5	密封系统	

三、离心泵的密封系统

在旋转的泵轴和静止的泵壳之间密封的装置称为轴封装置。从叶轮流出的高压液体，经过叶轮背面，沿着泵轴和泵壳的间隙流向泵外，称为外泄漏。密封系统可以防止和减少外泄漏，提高泵的效率，同时还可以防止空气吸入泵内，保证泵的正常运行。特别在输送易燃、易爆和有毒液体时，轴封装置的密封可靠性是保证离心泵安全运行的重要条件。

这里介绍两种轴封装置：填料密封和机械密封。

1. 填料密封

填料密封指依靠填料和轴（或轴套）外圆表面接触实现密封的装置，主要由填料函（又称填料箱）、填料、液封环、填料压盖和双头螺栓等组成。

填料密封结构示意见图 6-3，其密封机理是填料安装在填料函内，填料与轴、填料与填料函内壁接触面之间有环状的微小间隙，间隙大小是关系介质泄漏多少的主要因素，通过拧紧压盖螺栓，填料对轴产生压紧力。填料在填料函内由于压紧力的作用而发生变形，填充环间隙从而阻止介质泄漏。由于填料是弹塑性体，当受到轴向压紧力后，产生摩擦力致使压紧力沿轴向逐渐减小，所产生的径向压紧力使填料紧贴于轴表面而阻止介质外漏。

注意 在运行期间，填料密封会有少量泄漏。在填料中流动的输送介质对保持润滑膜和滑动部件之间的冷却是必不可少的。

填料密封如果需要好的运行状况，可以加冲洗液，如图 6-4 所示。冲洗液引入填料中间，起到密封、冷却、润滑作用。有些状况（如油品）不允许用冲洗水，可以充氮气。

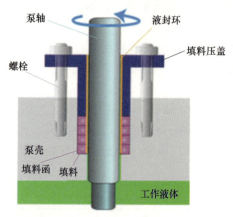

图6-3 填料密封结构示意图

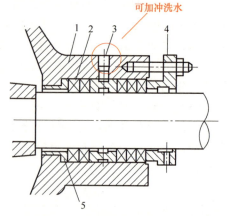

图6-4 带液封圈的填料密封
1—填料函壳；2—软填料；3—液封圈；
4—填料压盖；5—内衬套

常见的密封填料按照材料种类可以分为：纤维、弹塑性体、无机材料以及金属。密封填料应有较好的弹性、塑性、强度、耐磨性；化学稳定性高、不渗透；导热性能好，当摩擦发热后既能承受一定的高温，又能迅速散热；工艺简单、装填方便、价格低廉。其中，填料绳（见图6-5）是由纤维编织而成，并用辅料浸渍，或挤压注塑而成的粗细均匀的绳体。通过选择纤维、编织类型和浸渍辅料，可以生产出适用于特定场合或适用于各种领域的填料绳。常用材料有：聚四氟乙烯（用于酸液，耐腐蚀），石墨（主要用于高温，摩擦力小）。石墨具有自润滑性能，填入石墨填料短时间内无须润滑。

(a) 聚四氟乙烯　　(b) 石墨

图6-5　常用填料绳

2. 机械密封

依靠静环与动环的端面相互贴合，做相对转动而构成的密封装置，用来防止旋转轴与壳体之间液体的泄漏，其结构如图6-6所示。动环和静环是主要密封件，动环密封圈和静环密封圈是辅助密封件，弹簧和推环是压紧元件，弹簧座、紧定螺钉和防转销是传动元件。工作时动环跟随轴一起转动，静环固定不动，弹簧压在动环或推环上。

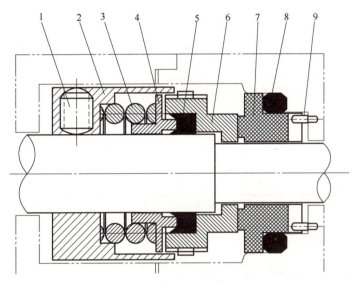

图6-6　离心泵机械密封结构

1—紧定螺钉；2—弹簧座；3—弹簧；4—推环；5—动环密封圈；
6—动环；7—静环；8—静环密封圈；9—防转销

机械密封优点：泄漏少、使用时间长（寿命长）。缺点：投资费用高，使用条件更容易受到外部的影响。

动环与静环之间必须有细密的液体用来润滑。没有润滑膜会加剧磨损，极端情况下会损坏零件。机械密封装置通常带有冲洗液，分为自冲洗和外冲洗，如图6-7所示。自冲洗（由泵的出口引入机械密封），用于较干净、稀薄的液体介质；外冲洗用于不干净、较厚的液体介质。外冲洗最主要优点：保持冲洗液的压力略大于泵的入口压力，可避免机械密封失效时造成输送介质泄漏。

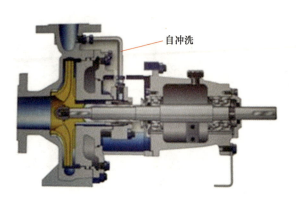

图6-7 带冲洗的机械密封设备

机械密封冲洗的作用：易使机械密封的动环和静环间形成密封润滑液膜；冲去动环和静环间的颗粒垃圾；冷却动环和静环。

3. 机械密封泄漏原因及处理措施

化工生产大多是连续性生产过程，机械密封的密封效果直接影响离心泵运行，离心泵出现泄漏将严重影响生产的正常进行。机械密封泄漏的常见原因及处理措施如表6-4所示。

表6-4 机械密封泄漏常见原因及处理措施

	泄漏现象	常见原因	处理措施
1	机械密封处振动、发热、泄漏并伴随磨损，生成物渗出	动环与静环之间端面宽度过大	降低弹簧拉力使端面宽度缩小
		工况频繁变换或调整	稳定工况
		抽空、汽蚀、长时间憋压	处理故障，必要时更换动、静环
		冷却不良、润滑效果较差	加强冷却措施，改善润滑条件
		端面耐腐蚀、耐高温不良	更换为耐腐蚀、耐高温的动、静环
2	间歇性泄漏	转子轴向窜动量太大、动环来不及补偿位移	调整轴向窜动量
		泵本身操作不平稳、压力变动	稳定泵的操作压力
3	经常性泄漏	泵轴振动严重	停机检修，解决轴的振动问题
		密封定位不准，摩擦副未贴紧	调整定位
		摩擦面损伤或摩擦面不平	更换或研磨摩擦面
		密封圈与动环未贴紧	检查或更换密封圈
		弹簧力不够或弹簧力偏心	调整或更换弹簧
		端面固定不正，产生偏移	调整端盖紧固螺钉与轴垂直
4	严重泄漏	摩擦副损坏断裂	检查更换动、静环
		固定环发生转动	更换密封圈，固定静环
		动环不能沿轴向浮动	检查弹簧和止推环是否卡住
		弹簧断掉	换弹簧
		防转销断掉或失去作用	换防转销

续表

	泄漏现象	常见原因	处理措施
5	停用后重新开动时泄漏	摩擦面有结焦或水垢产生	清洗密封件
		弹簧间有结晶或固体颗粒	清洗密封件
		动环或推环卡住	调整
		未手动盘车,摩擦副粘连扯坏端面	更换动、静环
6	摩擦副表面磨损过快	密封介质不清洁	加过滤装置
		弹簧压缩量过大	调整弹簧

离心泵密封类型除了填料密封、机械密封外,还有迷宫密封、干气密封。

四、离心泵的特点与特性曲线

1. 离心泵的特点

离心泵的特点:大流量(Q),低扬程(H);一般的液体介质都能输送,有颗粒的采用开式或半闭式叶轮,腐蚀性介质可以使用衬有 PTFE(聚四氟乙烯)的泵,或者喷涂哈氏合金(镍基耐腐蚀合金)等防腐蚀材料;有气缚和汽蚀现象。

(1)气缚现象 泵内有空气,由于空气密度很小,旋转离心力也很小,液体抽吸不上,无流量。避免措施:泵在运行前充分灌泵,排尽泵体内气体。

(2)汽蚀现象 泵内液体在流动的过程中,某一局部的压力等于或低于液体的汽化压力时,液体就在该处汽化;汽化后有大量的气体逸出,形成很多小气泡;气泡随同液体从低压区流向高压区,在高压的作用下,气泡破裂,产生瞬间局部空穴;液体以极高流速冲向空穴(原气泡占有的空间)并继续前进,造成极大的冲击力;如此反复,在该力的作用下泵壳内表面及叶轮被破坏,从开始的点蚀到蜂窝状态直到最后把材料壁面蚀穿。汽蚀现象与输送液体介质温度、入口压力、出口压力有关,温度越高、入口压力越低越容易形成汽蚀,出口压力越高,气泡破裂的冲击力越大,对叶轮与泵壳的损伤越大。避免措施:保持泵入口绝对通畅不受阻,避免管道强光照射引起输送流体升温等。

离心泵的扬程低,提高扬程的方法有:一是采用泵的串联;二是采用多级离心泵,如图6-8所示,多级离心泵有多个叶轮,相当于泵的串联;三是采用高速离心泵,通过两次增速实现高速。

图6-8 卧式多级离心泵

2. 离心泵的特性曲线

以流量 Q 为横坐标，扬程 H 为纵坐标绘制流量-扬程曲线（见图 6-9），通过曲线可以得出结论：Q-H 曲线是下降的曲线，即随流量 Q 的增大，扬程 H 逐渐减小；流量可以为零，表明允许"打闷泵"（企业通俗说法），即进口阀全开，出口阀关闭，电机启动运行。

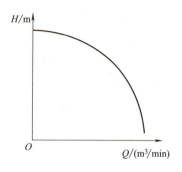

图6-9 流量-扬程特性曲线

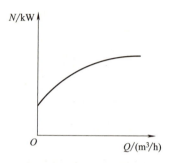

图6-10 流量-轴功率特性曲线

以流量 Q 为横坐标，轴功率 N 为纵坐标绘制流量-功率曲线（见图 6-10），通过曲线可以得出结论：离心泵的轴功率（N）随流量（Q）增加而逐渐增加，曲线有上升特点。当流量为零时，轴功率最小。因此，为防止电机线圈过热 [$I_{启}=（5～7）I_{正}$]，启动时，应将出口管路上的阀门关闭，启动后，再将出口阀门逐渐打开，即离心泵的打闷泵启动，这种操作尤其适用于大型机泵。

任务实施

一、设备与工具

离心泵拆装、开停车、切换和串并联操作所用的工具主要有拉马、套筒扳手、内六角扳手、平板撬棒、橡胶锤、穿心螺丝刀等，见表 6-5。

表 6-5 离心泵运行主要工具

名称	配图	名称	配图
两爪拉马		螺丝刀	

续表

名称	配图	名称	配图
套筒扳手		内六角扳手	
平板撬棒	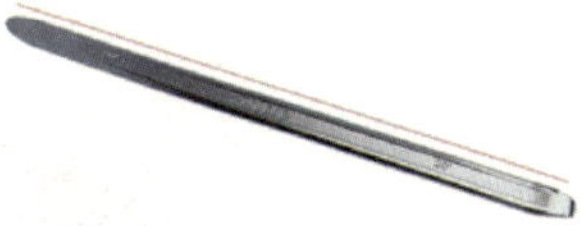	橡胶锤	

拉马是机械维修中经常使用的工具,在离心泵拆装中,用来将轴承从轴上沿轴向拆卸下来。它由旋柄、螺旋杆和拉爪构成。拉爪有两爪和三爪,主要参数尺寸为拉爪长度、拉爪间距、螺杆长度,以适应不同直径及不同轴向安装深度的轴承。使用时,将螺杆顶尖定位于轴端顶尖孔,调整拉爪位置,使拉爪挂钩于轴承内环,旋转旋柄,使拉爪带动轴承沿轴向向外移动拆除。

二、操作指导

1. 离心泵(填料密封)的拆装

离心泵的拆装必须选择合适的工具,按照步骤依次拆装,见表6-6。

表6-6 填料密封离心泵的拆装步骤

拆卸步骤	安装步骤
第一步:用拉马拉下联轴器,取下联轴器 	第一步:利用橡胶锤装回泵轴 

续表

拆卸步骤	安装步骤
第二步：松开轴承端盖轮，取下轴承端盖 	第二步：装上轴承端盖 
第三步：松开泵体螺丝，取下泵体 	第三步：安装填料端盖 
第四步：用套筒扳手取下叶轮锁紧螺母 	第四步：安装轴套 
第五步：装好拉马，将叶轮取下 	第五步：装上泵体端盖 

续表

拆卸步骤	安装步骤
第六步：取下泵体端盖 	第六步：装好叶轮 
第七步：取下填料压盖 	第七步：装上叶轮锁紧螺母 
第八步：取下轴套 	第八步：将泵体放回泵座 
第九步：取下轴承端盖 	第九步：泵体装回后用螺母加以固定，检查轴的转动情况 

续表

拆卸步骤	安装步骤
第十步：利用工具卸下泵轴 	第十步：确定合格，装上轴承端盖，装回联轴器

第十一步：取下泵轴后对拆卸的部件进行检修和清洗	

注意事项：①拆卸过程中注意正确着装，防止被砸伤，工具要轻拿轻放，禁止生拉硬拽、工具敲击等行为；②为避免安装出错，泵拆卸时须将零部件按照一定的顺序做好标记；③零部件清洗洁净后应去除水分并将零部件和设备表面涂上润滑油，按装配的顺序分类放置；④新装配好的离心泵需要找正，符合《机械设备安装工程施工及验收通用规范》的规定。

2. 离心泵的开停车

不同密封类型离心泵的开停车主要步骤类似，这里以机械密封离心泵为例介绍（见表6-7），填料密封离心泵操作步骤省略冲洗液的开关。

表6-7 机械密封离心泵开停车操作步骤

操作步骤	操作规范与要求	操作图示
1. 开车前检查	检查贮槽液位是否在规定的范围内，地脚螺栓、法兰螺栓是否紧固，轴承的润滑油液位是否处于1/2~2/3之间	
2. 打开机械密封冲洗液系统	打开机械密封冲洗液阀门，观察冲洗液压力，需要保证冲洗液起作用	

续表

操作步骤	操作规范与要求	操作图示
3. 灌泵	全开离心泵进口阀,打开泵出口处排气阀进行排气,使泵内充满液体,防止气缚现象	
4. 盘车	盘车前要加标锁定。用手按离心泵正常运行方向转动联轴器 n(n>1)圈实施盘车,盘车灵活轻松无卡滞,机械密封无泄漏。盘车结束后移除锁和标签	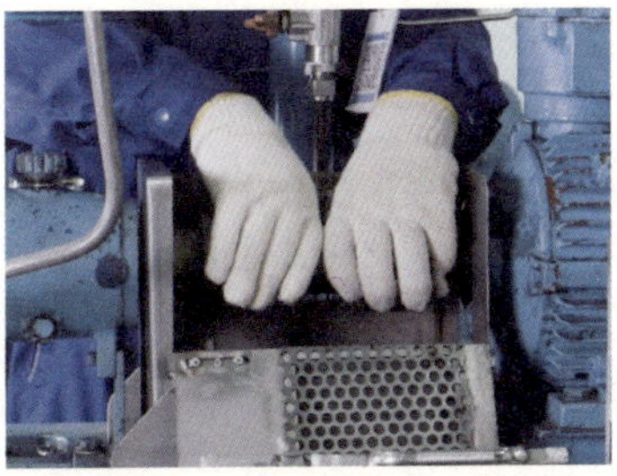
5. 启动电机	泵启动时保持出口阀关闭,使泵启动功率小,减小电机启动电流,防止电机瞬时过载而烧毁,同时防止倒灌	
6. 打开出口阀	缓慢打开出口阀,调节阀的开度到所需流量,观察仪表盘上压力表、真空表及电流表数值	

续表

操作步骤	操作规范与要求	操作图示
7. 检查泵的运转	耳朵听,测振仪测,观察是否有异常响声和振动,过段时间检查电机和泵的轴承温度(用测温仪),检查冷却系统是否正常、密封处有无泄漏	
8. 正常停车	关闭出口阀,按电机停车按钮,停电机,确认泵不反转。关闭进口阀、机械密封冲洗液	

注意事项:①离心泵运行前要熟悉物料特性及输送温度、压力、流量、输送高度、吸入高度、负荷变动范围等工况;②遇到强烈振动或摩擦声音、电机处冒烟、离心泵出口压力急剧下降、压强表大幅波动、轴承处冒烟等情况,需要紧急停泵,进行检修;③离心泵长期不使用,需要打开底阀,排尽泵体内流体。

3. 离心泵其他操作

离心泵在运行过程中难免出现故障,有时需要进行主泵与备用泵的切换。实际生产过程中可能会出现单台离心泵难以满足管路系统的扬程或流量需求的情况,此时可以采取多台离心泵组合运行操作。离心泵组合的基本方式有串联或并联操作,主要操作步骤见表 6-8。泵的串联可提高扬程,泵的并联可提高流量。

表 6-8 离心泵切换和串并联操作主要步骤

离心泵的切换	离心泵的串联	离心泵的并联
示意图: 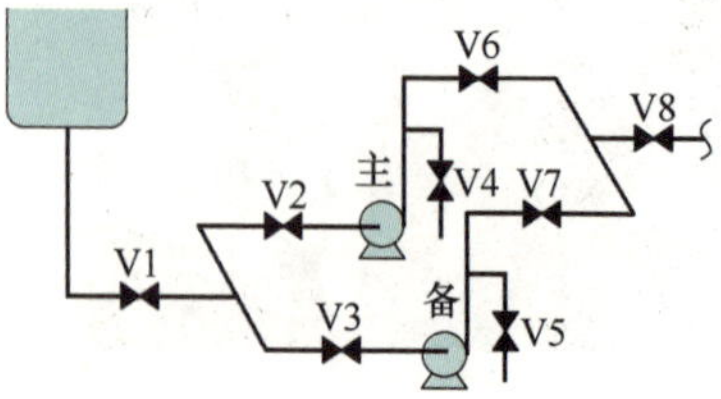	示意图: 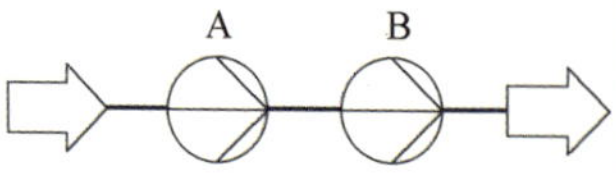	示意图: 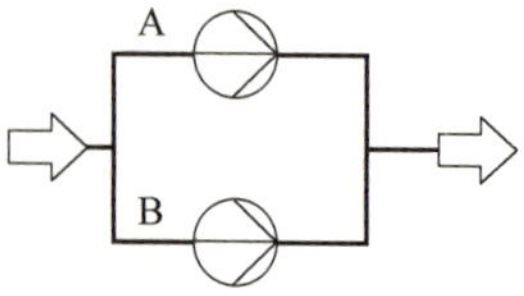

续表

离心泵的切换	离心泵的串联	离心泵的并联
①联系电气部门，要求对备用泵送电；②通知中控室准备进行离心泵切换；③备用泵启动前准备；④打开备用泵进口阀；⑤启动备用泵电机；⑥缓慢打开备用泵的出口阀，同时逐渐关闭主泵出口阀，保持总流量稳定，直至主泵出口阀全关；⑦停止主泵电机；⑧检查备用泵运行情况；⑨缓慢关闭主泵进口阀，并将主泵排空，电机停电；⑩向中控汇报，切换完成	开机 ①泵启动前检查准备；②打开 A 泵的进口阀；③打开 A 泵和 B 泵之间的串联阀；④启动 A 泵电机；⑤打开 A 泵的出口阀；⑥启动 B 泵电机；⑦打开 B 泵的出口阀；⑧旁路阀调节流量。 停机 ①全开流量计的旁路阀，至主路流量为零；②关 B 泵出口阀；③关 B 泵电机；④关 A 泵出口阀；⑤关 A 泵电机；⑥恢复其他阀门至初始状态	开机 ①泵启动前检查准备；②打开 A、B 泵的泵前进口阀；③启动 A 泵电机；④打开 A 泵的出口阀；⑤开启 B 泵电机；⑥打开 B 泵的出口阀；⑦流量计前阀调节流量。 停机 ①关闭 A、B 泵的出口阀；②关 A、B 泵电机；③关 A、B 泵的进口阀；④恢复管路其他阀门至初始状态

注意事项：① 泵切换前通知各相关岗位，确保无意外情况，开启备用泵；② 离心泵在切换过程中要确保管路系统中的流量及压力尽量减少波动，严禁发生抽空、抢量的情况；③ 离心泵在运行过程中若出现物料泄漏喷出、电机突发起火、泵严重损坏的事故应立即进行泵的切换，以保证管路系统的正常运行；④ 泵运行中检查系统低位槽和高位槽内液体的液位高度，低位槽内液位不能过低，而高位槽内液位不能过高，以免影响液体输送。

4. 离心泵常见故障、产生原因及处理方法

离心泵常见故障、产生原因及处理方法见表 6-9。

表 6-9 离心泵常见故障、产生原因及处理方法

序号	故障现象	产生原因	处理方法
1	泵抽空、输不出液体	发生气缚现象	重新灌泵排出空气，必要时检查入口管路各密封面连接螺栓是否松动，垫圈是否破损
2	流量扬程不足	发生汽蚀或管内有杂物堵塞	检查原料贮槽液位，检修管道，清除堵塞杂物
3	产生振动及噪声	地脚螺丝松动；轴承及泵轴出现偏移；出现汽蚀噪声	紧固螺栓、调整轴承及泵轴中心；排除汽蚀影响
4	密封处泄漏	密封液压力不够；密封圈损坏；转动部分不平衡	调整液压力；更换密封圈；设法消除转动不平衡
5	泵过分发热及转不动	泵空转；转动附件出现摩擦增大现象；轴承损坏	停机检修转动附件，添加轴承润滑油；更换轴承
6	电流大	轴承损坏，旋转阻力大；填料密封压盖过紧或机械密封弹簧压缩量过大；叶轮结垢，阻力大	更换轴承；调节压紧螺母或弹簧压缩量；清洗叶轮
7	压力波动过大	底阀、进口过滤器堵塞	疏通底阀，清理过滤器

三、安全与环保

（1）离心泵运行操作前，必须熟悉被输送流体的特性，按照化学品安全技术说明书（MSDS）的要求做好相应的个人防护和应急处理准备。

（2）切换下的离心泵在检修前需要做到能量隔离，并且彻底清洗。

（3）操作过程中泄漏物需要及时处理，避免对环境和安全造成不良影响。

（4）长期于离心泵运行环境中工作，若噪声大于 85 dB 需要佩戴听力防护装备。

实战演练　离心泵的运行

见本书工作页，项目十～项目十三。

拓展阅读

磁力泵通过磁力传动来实现无接触力矩传递，从而以静密封取代动密封，使泵达到完全无泄漏。由于泵轴、内磁转子被泵体、隔离套完全封闭，从而彻底解决了"跑、冒、滴、漏"问题，消除了炼油化工行业易燃、易爆、有毒、有害介质通过泵密封泄漏的安全隐患，有力地保证了职工的身心健康和安全生产。由于磁力泵体内具有强大的磁性，佩戴心脏起搏器的人员严禁靠近磁力泵。

巩固练习

1. 离心泵运行时泵轴高速旋转，此时缺少_____将加剧机械磨损，缩短泵的使用寿命。

2. 要将泵轴拆卸下来，必须先将_____、_____、_____从泵体上拆卸下来。

3. 判断：离心泵启动电机前，为了避免汽蚀要求进口阀和出口阀打开。（　　）

4. 写出离心泵内部部件名称及各部件作用。

5. 写出离心泵常见密封形式及其应用特点。

6. 离心泵拆卸常用工具有哪些？

7. 简述离心泵安装顺序。

8. 泵在运行过程中出现哪些故障应立即停车？

任务二 往复泵的运行

任务描述

小王接到运行往复泵的任务,在该任务中需要掌握往复泵的基本结构和工作原理,会正确地启动往复泵,按照标准及规范操作。

学习目标

1. 了解往复泵的结构。
2. 能说出往复泵的工作原理。
3. 会进行往复泵的开停车操作。
4. 通过正确开停车培养学生的 6S 管理理念,以及细致、认真、严谨的工作态度。

知识准备

往复泵是通过活塞的往复运动直接以压力能形式向液体提供能量的输送机械。柱塞泵、隔膜泵和活塞隔膜泵,通称往复泵。往复泵是一种最早和最常见的机械产品之一,适于输送液体流量不很大、扬程较高的场合,被广泛用于石油、化工、机械、环保等行业。柱塞泵有泄漏,通常用于清水,活塞隔膜泵优点是密封性好,可用于大部分化学介质,可作计量泵。特别是在强腐蚀性、易燃易爆、高黏度、高精度等状况下,活塞隔膜泵是离心泵及其他泵无法替代的。

一、往复泵的结构

往复泵的结构如图 6-11 所示,主要部件包括:泵缸、活塞、活塞杆、吸入阀、排出阀、

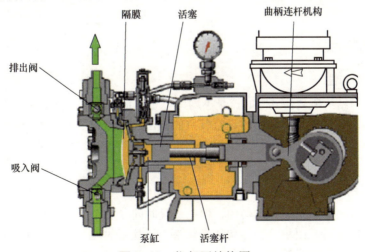

图6-11 往复泵结构图

隔膜、曲柄连杆机构。其中吸入阀和排出阀均为单向阀。

二、往复泵的工作原理

（1）活塞由电动的曲柄连杆机构带动，把曲柄的旋转运动变为活塞的往复运动；或直接由蒸汽机驱动，使活塞做往复运动。

（2）当活塞从左向右运动时［如图6-12（a）所示］，泵缸内形成低压，排出阀受排出管内液体的压力而关闭；吸入阀受缸内低压的作用而打开，储罐内液体被吸入缸内。

（3）当活塞从右向左运动时［如图6-12（b）所示］，由于缸内液体压力增加，吸入阀关闭，排出阀打开向外排液。液体在每个吸入和排出冲程中，是不断加速或减速变化的过程。

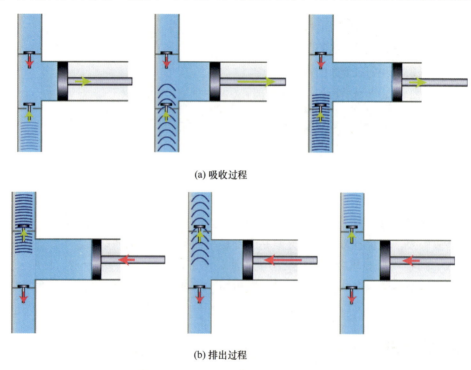

(a) 吸收过程

(b) 排出过程

图6-12　往复泵的工作原理示意图

三、往复泵的特点

1. 流量的不均匀性

由于往复泵的结构所致，其瞬时流量不均匀，尤其是单动往复泵更加明显。实际生产中，为了提高流量的均匀性，可以采用增设空气室的方法，利用空气的压缩和膨胀来存放和排出部分液体，从而提高流量的均匀性。采用多缸泵也是提高流量均匀性的一个办法，多缸泵的瞬时流量等于同一瞬时各缸流量之和，只要各缸曲柄相对位置适当，就可使流量较为均匀。

2. 流量的固定性

往复泵的瞬时流量虽然是不均匀的，但在一段时间（一个工作周期）内输送的液体量却是固定的，仅取决于活塞面积、冲程和往复频率。往复泵的理论流量是由单位时间内活塞扫过的体积决定的，而与管路的特性无关。

在不计泵内任何容积损失时,泵在单位时间内排出的液体容积称为泵的理论平均流量,简称泵的理论流量。由于不计任何容积损失,泵在单位时间内吸入和排出的体积可用下式表示:

单作用泵: $Q_t = ASnZ$

双作用泵: $Q_t = ASnZ(1+K)$

式中 Q_t——泵的理论流量;

A——柱塞(或活塞)的截面积,$A = \pi D^2/4$(D 为柱塞或活塞直径);

S——行程长度;

n——曲轴转速(或柱塞的每分钟往复次数);

Z——联数(柱塞或活塞数);

K——活塞杆尺寸对缸腔面积影响系数,$K = 1 - A_r/A = 1 - (D_r/D)^2$($A_r$ 为活塞杆截面面积,D_r 为活塞杆直径)。

当双作用泵的活塞杆直径与活塞直径相等时($D_r = D$),$K = 0$,这样双作用泵也就成为单作用泵。因此往复泵的理论流量可以统一用下式表示:

$$Q_t = ASnZ(1+K)$$

3. 往复泵的压头

因为是靠挤压作用压出液体,往复泵的压头理论上可以任意高。以流量 Q 为横坐标,扬程 H 为纵坐标绘制流量-扬程曲线(见图6-13),但实际上由于构造材料的强度有限,泵内的部件有泄漏,故往复泵的压头仍有一限度。而且压头太大,也会使电机或传动机构负载过大而损坏。

往复泵提供的压头则只与管路的特性有关,与泵的特性无关,管路的阻力大,则排出阀在较高的压力下才能开启,供液压力必然增大;反之,压力减小。这种压头与泵无关,只取决于管路特性的称为正位移特性。具有正位移特性的泵称作正位移泵。

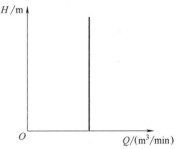

图6-13 往复泵流量和扬程曲线

4. 往复泵的自吸性

自吸能力指靠自身抽出泵及吸入管中的空气而将液体从低处吸入泵内的能力。自吸能力,可由自吸高度和吸上时间来衡量。泵吸口造成的真空度越大,则自吸高度越大,到达足够真空度的速度越快,则吸上时间越短。自吸能力与泵的形式和密封性能有重要关系。当泵阀、泵缸的密封性变差,或余隙容积较大时,其自吸能力就会降低。如:新买来往复泵进口和出口管路及泵体都充满气体时需要灌泵,防止自吸能力不够造成气缚。

四、往复泵的流量调节

(1)旁路阀调节 泵的送液量不变,只是让部分被压出的液体返回贮池,使主管中的流量发生变化。显然这种调节方法很不经济,只适用于流量变化幅度较小的经常性调节。

(2)改变曲柄转速 因电机是通过减速装置与往复泵相连的,所以改变减速装置的传动比可以很方便地改变曲柄转速,从而改变活塞往复运动的频率,达到调节流量的目的。

(3)改变活塞行程 改变活塞往复运动的距离。

任务实施

一、操作指导

不同类型往复泵的开停车主要步骤类似,这里以活塞隔膜泵为例(见表6-10)。

表 6-10　活塞隔膜泵开停车操作步骤

操作步骤	操作规范与要求	操作图示
1. 开车前检查	检查地脚螺栓连接的完好程度,有无松动。检查管线、泵体是否有异常,查看压力表是否完好	
2. 检查油	检查油的质量和容量,要求高于油标最低刻度线,两个腔体的油,一是润滑油,二是液压油	
3. 打开阀门	打开泵的进口阀、出口阀;用冲程调节手柄把冲程调到"0"的位置	
4. 启动电机	注意启动电机前确保泵出口阀处于全开状态,防止由于出口压力过大烧毁电机	

续表

操作步骤	操作规范与要求	操作图示
5. 调节流量	调节冲程，使泵达到所需要的正常流量，调节冲程时，注意不得过快过猛；应按照从小流量往大流量的方向调节	
6. 检查泵的运转	观察电流，泵进、出口压力；耳朵听声音，测振仪测振，观察是否有异常响声和振动，过段时间检查电机温度（用测温仪）。保持泵处于正常运行状态	
7. 正常停车	首先用冲程调节手柄把冲程调到"0"的位置；关闭泵电机；关闭进口阀和出口阀	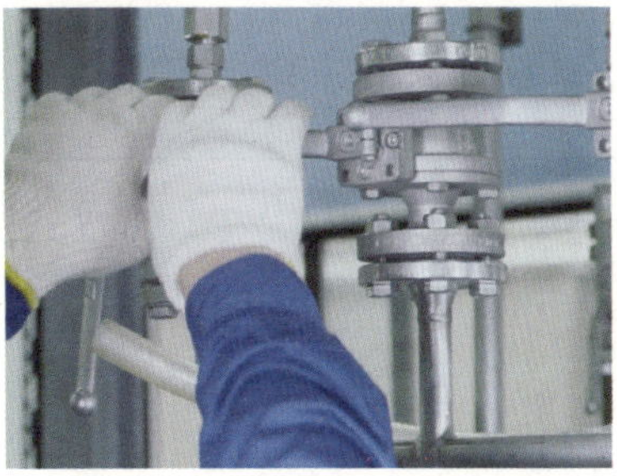

注意事项如下。

（1）熟悉岗位的生产工艺要求、工艺参数、设备的性能及操作流程。

（2）严格按要求操作机泵，不得随意更改设定参数。

（3）开机前必须对机器进行日常检查，确认机器是否正常。

（4）准备记录流量和各仪表参数，交接班完成，及时上报班组长。

（5）设备在运行中存在的问题要及时反映给交接班员工及班组长。

（6）泵长期不使用，需要打开底阀，排尽泵体内流体。

二、安全与环保

（1）做好相应的个人防护和应急处理准备。

（2）盘车前需要确保电源关闭并且上锁挂标签牌，保证电气安全。

（3）启动电机前一定要确认出口阀处于全开状态。

（4）按 6S 要求做好现场管理，及时清理机器及其周边残留物。

化工管路拆装

实战演练　往复泵的运行

见本书工作页，项目十四　往复泵的运行。

拓展阅读

气动隔膜泵是一种新型输送机械，采用压缩空气为动力源，对于各种腐蚀性液体，高黏度、易挥发、易燃、剧毒的液体，均能予以抽光吸尽。它体积小、重量轻，结构简单，无须润滑，维修简便，不会由于滴漏污染工作环境，始终能保持高效。喷漆、陶瓷业中气动隔膜泵已占有绝对的主导地位，在废水处理、建筑行业、排污、精细化工中正在扩大它的市场份额，并具有其他泵不可替代的地位。

巩固练习

1. 往复泵的主要结构部件由_____、_____、_____、_____、_____等组成。

2. 转速恒定时，（　　）特性曲线符合往复泵。

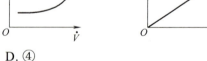

A. ①　　　B. ②　　　C. ③　　　D. ④

3. 在装置中，活塞泵在运行点工作。（　　）不能改变运行点的位置。
① 提高泵电机驱动装置的转速
② 改变装置中的阀门位置
③ 改变泵的冲程长度
④ 在装置中安装过滤器
⑤ 安装安全阀

A. ①　　B. ②　　C. ③　　D. ④　　E. ⑤

4. 下图泵 PL1 是双作用活塞泵。下列说法正确的是（　　）。

A. 每个行程上同时抽吸和输送。
B. 吸气行程的体积是压缩行程体积的两倍。
C. 输送压力是单作用活塞泵的两倍。
D. 它在吸入侧和压力侧不需要阀门。
E. 它既可以输送固体也可以输送液体。

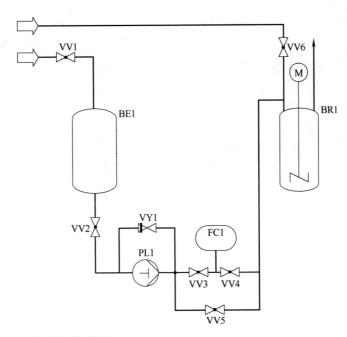

5. 简述往复泵开停车操作步骤。

学习情境七
管路系统维护和保养

情境描述

化工管道在投产后经过一定时间的运行,由于设计上的缺陷、工作条件的变化、外界环境的变化、未预见的施工不周、设备和材料性能的限制、设备和管道的磨蚀与老化,引起管道系统的性能减退,缺陷逐步扩大,过早地丧失管道功能,甚至会造成事故,影响正常生产。为延长管路的使用寿命,消除安全隐患,避免事故发生,需要对管道系统加强日常维护检查与修理。小王和他的团队日常工作包括设备常规巡检、清扫、填写维保记录卡、更换管配件、常见泄漏故障处理等。

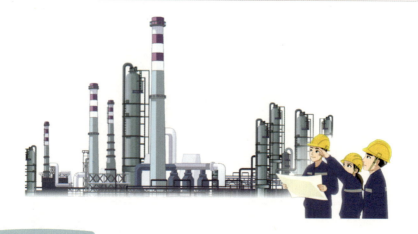

任务一　日常维护保养

任务描述

小王和他的团队接到装置管路系统日常维护保养任务,他们需要了解日常维护保养制度、日常检查及保养项目,选用适当的工具采取对应措施防止管道螺栓等金属腐蚀,为机泵更换润滑油,并做好维护保养记录。

学习目标

1. 掌握管道系统的日常维护保养制度和项目。
2. 了解管道腐蚀类型及防腐措施。
3. 认识维护保养工具,会更换润滑油等维护保养操作。
4. 通过检查记录培养安全意识。
5. 通过维护保养操作养成精益求精的工作态度。

知识准备

预防性维护(preventive maintenance,PM)是周期性地对设备进行一系列科学的维护工作,以确保设备处于最佳工作状态。预防性维护工作主要包括:①操作性能测试及调整。②电气安全测试。③外观、控制部件及内部清洁、润滑,更换易耗元件。以确保设备处于安全、最佳工作状态,减少故障次数,减少维修工作量,起到防患于未然之效,延长设备使用寿命,降低维修成本。预防性维护是防止设备故障发生的有效手段,已成为现代制造企业所普遍采用的一种维护方式。

一、管道的日常维护保养制度

管道的日常维护保养是保证和延长使用寿命的重要基础。管道的操作人员必须认真做好管道的日常维护保养工作。

(1)经常检查管道的防护措施,保证其完好无损,减少管道表面腐蚀。
(2)阀门的操作机构要经常除锈上油,定期进行操作,保证其操纵灵活。
(3)安全阀和压力表要经常擦拭,并按时进行校验。
(4)定期检查紧固螺栓的完好状况,做到齐全、不锈蚀、丝扣完整、连接可靠。
(5)注意管道的振动情况,发现异常振动应采取隔断振源、加强支撑等减振措施,发现摩擦应及时采取措施。
(6)静电跨接、接地装置要保持良好完整,发现损坏及时修复。
(7)停用的管道应排除内部介质,并进行置换、清洗和干燥,必要时做惰性气体保护。外表面应进行油漆防护,有保温的管道注意保温材料完好。

(8) 检查管道和支架接触处等容易发生腐蚀和磨损的部位,发现问题及时采取措施。

(9) 及时消除管道系统存在的"跑、冒、滴、漏"现象。

(10) 管道升温或降温达到工作温度或规定温度后,需对管道法兰连接螺栓进行热紧或冷紧。

(11) 禁止将管道及支架作为电焊零线和其他工具的锚点、撬抬重物的支撑点。

(12) 配合管道检验人员对管道进行定期检验。

(13) 对生产流程的重要部位的压力管道,穿越公路、桥梁、铁路、河流、居民点的压力管道,输送易燃、易爆、有毒和腐蚀性介质的压力管道,工作条件苛刻的管道,存在交变载荷的管道,应重点进行维护和检查。

(14) 当操作中遇到下列情况时,应立即采取紧急措施并及时报告有关管理部门和管理人员:

① 介质压力、温度超过允许的范围且采取措施后仍不见效;
② 管道及组成件出现裂纹、鼓瘪变形、泄漏;
③ 管道发生冻堵;
④ 管道发生异常振动、响声,危及安全运行;
⑤ 安全保护装置失效;
⑥ 发生火灾事故且直接威胁正常安全运行;
⑦ 管道的阀门及监控装置失灵,危及安全运行。

二、管道日常检查及保养项目

管道日常检查和保养项目主要有压力表、温度计、安全阀、管道支架、保温层、阀门填料和螺栓等。日常检查内容及保养方法见表7-1。

表7-1 管道日常检查内容及保养方法

检查项目	检查方法	检查内容	问题的危害	保养方法和措施
压力表	目测校验	①表面玻璃是否破碎; ②指示是否灵敏; ③导压管是否畅通; ④铅封是否完好	因指示不正确可能造成超压	定期检验和检修
电偶温度计	目测校验	温度指示是否准确	超温会产生管道材料应力腐蚀、蠕变等	定期校验和检修
安全阀	目测	①有无异物卡在阀芯弹簧中间; ②调整螺钉有无松动; ③弹簧及其他零件有无破损,是否漏气; ④铅封是否完好	①漏气; ②在超压时因安全阀不能起跳造成管道事故	①停车或泄压时进行校验; ②按规定定期检验和修理
爆破片	目测	膜片是否存在缺陷 (日常巡检看不到膜片)	没有在规定压力下爆破	①注意安装前的检查; ②按规定定期更换
管道支架	目测、耳听、手摸	①支架是否松动; ②管道有无振动; ③支架是否损坏	①管道因磨损和疲劳而断裂; ②管道应力增大	把紧螺栓或加固
管架基础	目测	①基础是否下沉; ②基础有无裂纹	基础损坏,使管道承受附加应力,威胁安全生产	①定期观察基础下沉情况,采取针对性措施; ②测定裂纹是否继续扩大

续表

检查项目	检查方法	检查内容	问题的危害	保养方法和措施
绝热层	目测表面温度计	①主材料是否损伤脱落、受潮、失效；②防潮层是否损坏、失效；③外护层是否损伤、脱落	①产生管道热损失；②腐蚀；③保温结构失去保护，过早损坏	①更换保温材料；②损坏要及时修复
阀门填料	目测	有无泄漏	影响环境卫生、文明生产和安全	装填料和紧密封函时要严格按技术要求安装
螺栓	目测	①是否锈蚀；②是否松动	①造成螺杆、丝扣腐蚀；②造成泄漏	①涂防锈油；②把紧螺栓

三、管道的腐蚀与防腐

管道腐蚀是指输送液体的管道因化学反应或其他原因发生腐蚀而导致管道的老化，主要有吸氧腐蚀、细菌腐蚀、硫化氢腐蚀、二氧化碳腐蚀和二氧化硫腐蚀等多种类型。延缓管道的腐蚀即管道防腐是管道养护的重要环节，也是促进管道输送行业安全生产的重点之一。管道防腐保养是否得当效果图见图 7-1。

金属材料的腐蚀与防腐

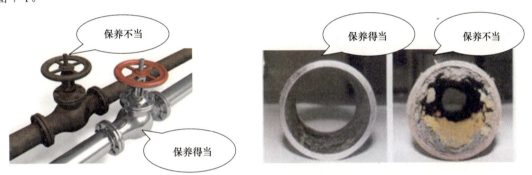

(a) 管道外部保养效果对比图　　　　　　　(b) 管道内部保养效果对比图

图 7-1　管道内外部保养前后对比效果图

由于管道腐蚀会造成输送成本上升甚至发生泄漏等严重安全事故，管道防腐主要目的是延长使用寿命。铺设方式不同，防腐的要求也不同。

管道防腐主要有以下几种方法：

（1）电极保护　分为阴极保护和阳极保护，阴极保护又分为牺牲阳极法和外加电流法两种。前者是将一种电位更负的金属与被保护的金属设备电性连接，通过电负性金属或合金的不断溶解消耗，向被保护物提供保护电流，使金属设备获得保护。后者是将外部交流电转变成低压直流电，通过辅助阳极将保护电流传递给被保护的金属设备，从而使腐蚀得到抑制。阳极保护是把被保护的设备接在外加电源的阳极，使金属表面生成钝化膜，使金属设备得到保护。

（2）介质处理　包括除去介质中腐蚀性强的成分或调节其 pH 值。

（3）金属表面添加防腐涂层　包括涂油漆等，以此隔绝钢材制管道和空气中的氧气接触，以此达到保护效果。

（4）缓蚀剂防腐　添加"缓蚀剂"，缓蚀剂是添加于金属设备中用于减缓腐蚀的一种专用添加剂，缓蚀剂会提高化学反应所需的活化能，以此减慢腐蚀反应的发生速度。

四、润滑油型号和使用场合

旋转设备最重要的是润滑,旋转设备一旦出现断油或润滑不良现象,设备往往会发生非常严重的损坏。常见的润滑油大致分为3类:工业油、车用油、润滑脂。润滑油具有润滑、减小摩擦、冷却两摩擦副、防止摩擦副腐蚀的作用。

润滑油常用指标为黏度:简而言之,黏度就是在一定温度下润滑油流动的速度,它会随着温度的变化而变化。国际上一般采用40 ℃和100 ℃时的黏度作为标准。型号举例:

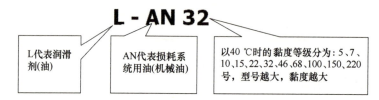

润滑油的选用原则:在重负荷、低转速和温度较高的工况下,选用高黏度润滑油或添加抗磨剂的润滑油;在低负荷、高转速和低温等工况下,选用低黏度润滑油;在使用温度范围宽、轻负荷和高转速,以及有其他特殊要求的工况下,选用合成润滑油。

润滑油主要用于封闭循环系统中,广泛用于农业机械、工程机械和公共设施的液压系统,也可用于润滑轴承、齿轮、调节器、泵、压缩机等。

任务实施

一、设备与工具

通常日常维护巡检过程中用到"三件宝"指的是:扳手、抹布和听诊器,此外,动设备检测工具有测温仪、测振仪等,见表7-2。

表7-2 日常巡检维护常用工具

名称	作用	图示
扳手	紧——紧固螺母	
抹布	擦——擦拭管道、设备、仪表等表面污渍、灰尘等	

续表

名称	作用	图示
听诊器	听——倾听运行设备电动机声音是否有异常	
测温仪	测量表面温度（离心泵轴承）	
测振仪	测量机泵振动位移和振动速度	

常见动设备"离心泵"运行巡检除了听声音是否异常外，通常还可以测量温度和振动。测温仪用于测量轴承表面温度，一般滚动轴承温度不大于 70 ℃，滑动轴承温度不大于 65 ℃。

普通离心泵的转速有两种：1450 r/min 和 2970 r/min，离心泵的振动大小以振动位移和振动速度的数值来反映。振幅不大于 60 μm，振动速度（振动烈度）不大于 7.1 mm/s。离心泵振动的测量，采用三位测量法：径向水平振动测量、径向垂直振动测量和轴向振动测量，见图 7-2。

(a) 径向水平振动测量　　　(b) 径向垂直振动测量　　　(c) 轴向振动测量

图 7-2　离心泵振动的三位测量法

二、操作指导

设备维护保养需要严格执行：清洁、润滑、紧固、调整、防腐。这里介绍更换离心泵润滑油操作，步骤见表 7-3。

表 7-3　离心泵润滑油更换主要操作步骤

操作步骤	操作规范与要求	操作图示
1. 个人防护用品准备齐全，穿戴整齐	PPE 包括工作服、工作鞋、安全帽、防护手套、防护眼镜等	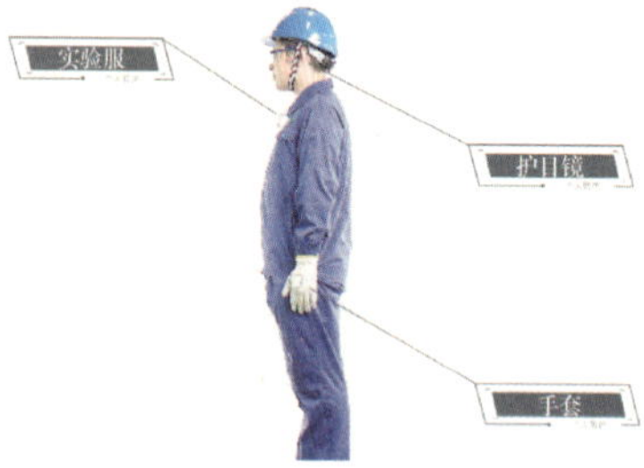
2. 工具、用具、材料准备	包括扳手、加油漏斗、机油壶、密封带、棉纱布若干、清洗液若干、记录笔、纸、机油	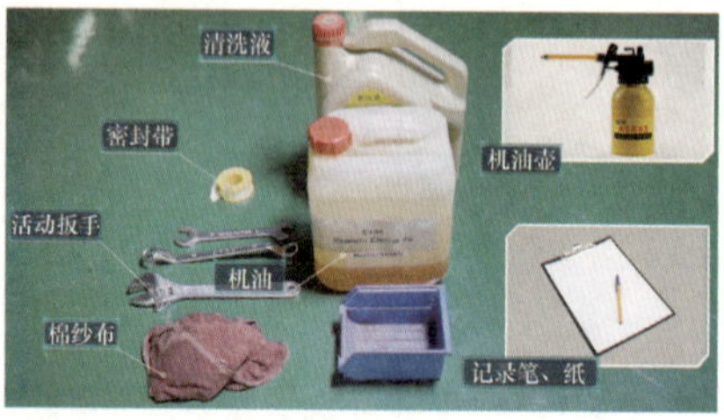
3. 检查	更换前对机油油位、油质及机油室密封情况进行检查，如发现机油内杂质铁屑多，机油进水乳化，机油变质时必须进行更换	
4. 回收	打开放油丝堵，放净机油室内机油；回收旧机油	

续表

操作步骤	操作规范与要求	操作图示
5. 清洗	用干净的润滑油多次置换，或空气吹扫，清洗干净机油室；检查机油室有无残留废机油	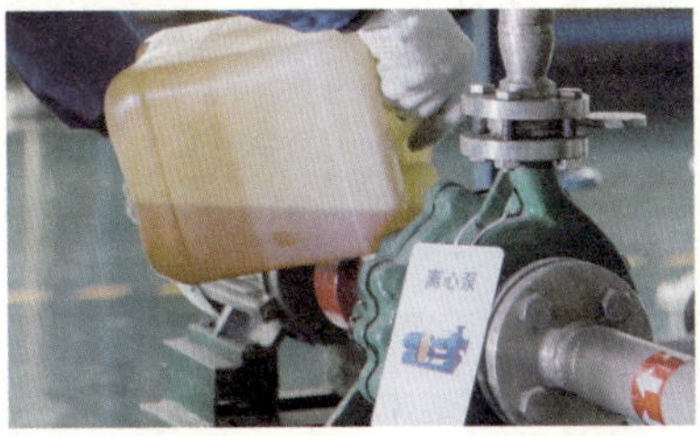
6. 加注新机油	用漏斗加入新机油冲洗一次，把缠有密封胶带的丝堵安装到放油孔上并上紧。用机油壶把适量的机油加注到机油室	
7. 再次检查	检查机油室的油位是否在看窗的1/2~2/3；检查放油丝堵是否渗油；检查无问题时，盖上机油室油盖	
8. 保养记录	将"更换润滑油"项目记录在离心泵保养记录卡上，并注明保养时间及其他，最后签名	
9. 清理现场	清理离心泵周围残留物，回收工具、用具，清扫作业现场	

三、保养检查记录

日常保养和检查记录要及时，记录通常包括检查工段或装置设备名称、检查人员、检查日期等基本信息，其次，对检查内容逐一记录，发现异常或隐患需及时上报负责人，并在记录表备注栏中给予说明。检查记录表见表 7-4。

表 7-4 管道日常维护保养和检查记录表

所属工段：　　　　检查人：　　　　责任人：　　　　日期：___年___月

项目	1	2	3	4	5	6	7	8	9	10	11	12	13	14	15	16	…	31
周围清洁																		
设备清洁																		
保温完好																		
阀门、焊缝等无泄漏																		
安全阀安全可靠																		
压力表指针正确，表盘完好																		
温度计指针正确，表盘完好																		
设备无振动																		
现场无异响																		
异常情况																		
备注																		

注：1. 点检发现异常或隐患应及时上报负责人，并在备注栏给予说明，严禁带病作业。
2. 此点检表由各工段组长人员填写，并落实整改（表格放在设备属地岗位），由安全员检查并上报责任人确认，检查不到位或整改不及时的月度绩效考核扣责任人 5 分。
3. 正常打"√"，不正常打"×"。

四、注意事项

（1）在更换或添加离心泵润滑油前必须确认离心泵已经关停，电源切断并上锁挂牌，避免意外启动。
（2）操作中避免机械碰伤、撞伤。
（3）检查新换机油是否变质，机油室是否清理干净，加油时要避免发生溢流。
（4）日常维护巡检必须认真严谨，杜绝敷衍走形式，维护记录要求正确、规范，字迹清晰工整。

五、安全与环保

（1）做好相应的个人防护和应急处理准备。
（2）巡检过程中发现异常要及时上报。
（3）按 6S 要求做好现场管理，及时清理机器及其周边残留物。
（4）沾染油脂的抹布和回收的旧机油不得随意放置，需按照规定妥善处理。

实战演练　日常维护保养——更换润滑油

见本书工作页，项目十五　日常维护保养——更换润滑油。

管道日常维护与保养

拓展阅读

西气东输，我国距离最长、口径最大的输气管道，西起塔里木盆地的轮南，东至上海。全线采用自动化控制，供气范围覆盖中原、华东、长江三角洲地区。东西横贯新疆、甘肃、宁夏、陕西、山西、河南、安徽、江苏、上海，全长 4200 km，惠及千家万户。

"西气东输"属于长距离的管道输气系统，管道的直径大，输送的距离远，给管道的维护管理带来了巨大的难度。工程人员主要采取了建立维护保养制度、提高维护保养质量、建立自动控制系统等维护保养措施，来保证西气东输管道系统的正常运行。

巩固练习

1. 对高温管道，在开工升温过程中需对管道法兰连接螺栓进行_____；对低温管道，在降温过程中进行_____。
2. 日常维护巡检过程中"三件宝"是_____、_____、_____。
3. 管道腐蚀主要有_____、_____、_____、_____等多种类型。
4. 判断：型号为 L-AN46 的润滑油黏度高于型号为 L-AN68 的润滑油黏度。（　　）
5. 管道日常维护保养操作中遇到哪些情况时，应立即采取紧急措施并及时报告有关管理部门和管理人员？
6. 管道日常检查及保养项目主要有哪些？
7. 简述更换离心泵润滑油的操作步骤。
8. 简述更换离心泵润滑油时的注意事项。

任务二　管道泄漏故障处理

任务描述

离心泵管路系统已投用多年,某日操作员在进行日常巡回检查时,发现离心泵管线发生泄漏,发现故障后,立刻向上级做了汇报。请设备管理部门维修员小王及其团队认真分析泄漏实情,利用现有工装设备,按照操作规范完成管路泄漏故障处理。

学习目标

1. 掌握管道系统泄漏的处置方法。
2. 能分析管路故障,制订科学合理的故障处置方案。
3. 能对管路泄漏故障进行处理操作。
4. 通过信息收集、小组讨论、练习、考核等教学活动,培养语言表达能力、团队协作意识和吃苦耐劳的精神。
5. 通过管路检修操作养成精益求精的工作态度。

知识准备

一、管道系统维修的分类

管道系统按维修的规模和性质分为日常维护、小修、中修、大修和抢修。

(1) 日常维护　管道系统局部的、小量的修理,可以由操作人员或维修人员在正常运行条件下通过小修小改即可完成的项目。当为设备维护时,为了不影响生产运行,可以开启备用设备,然后停机维护。如支架、吊架螺栓的紧固、法兰盘螺栓的紧固、管道保温层的修整、水泵盘根的更换等,都可以在管道系统正常运行条件下进行日常维护。

(2) 小修　管道系统局部、小量的修理,但需在局部管网短时间停止运行条件下进行修理的项目。如更换法兰垫片和阀门,更换设备的易磨易损件等。

(3) 中修　除小修项目外,尚应进行维修的其余项目,需要停止运行的时间较长。如更换个别较大的管件或附件,安全阀的测试检查或修理,保温层的停车更换等。

(4) 大修　除小修、中修外,应进行维修的其余项目,需要停止运行的时间更长,一般放在全厂停产检修期间统一安排维修。如更换长度较长、管径较多的管道及保温层,由自然灾害(地震、水灾)引起的管道系统大范围破坏。

(5) 抢修　由不可预料的原因产生的突发性故障,需要紧急处理,以减少对周围环境造成的危害、降低停产造成的经济损失。公用事业部门和大型管道系统的企业应备抢修车,抢修车应具有各种施工机具、抢修备品备件和材料。

一般日常维护、小修、中修、大修应有计划地进行，抢修随机进行。

二、旁通管路的作用

通常化工管路上减压阀、控制阀、蒸汽疏水阀、离心泵等重要设备都设置有旁通管路，见图7-3。

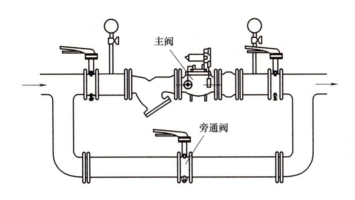

图7-3　旁通管路

旁通管路主要起到以下作用。

（1）检修时，作为备用管线来使用。当主阀或设备出现故障时，或者需要检维修的时候，可以打开旁通阀由旁路代替主路流通，且不影响正常生产。

（2）流量调节作用。手动操作旁路管路上的阀门，可以进行管路的流量或压力调节，如当用户燃气需求量降低时，天然气压缩机机组通过旁通阀"打回流"调节燃气流量。

（3）保护作用。高压管路主阀（尤其是闸阀）前后两侧压差较大，阀门开启阻力大，为避免扭力损伤阀门，可以通过旁通阀泄压后，再开启主阀，此外也可以避免高压介质突然涌出，对下游管道形成冲击。

三、管道检修的事故类型与事故原因

管道维修由于输送介质繁杂，稍有不慎就会发生事故，常见的事故类型与原因见表7-5。

表7-5　管道检修的事故类型与事故原因

事故类型	事故原因
窒息	管道内充满惰性气体或其他气体，氧气不足（氧含量低于16%），就能造成窒息
中毒	管道内盛有有毒气体或液体，如苯、甲醇、二硫化碳、一氧化碳、硫化氢等，未排除干净，会引起中毒
爆炸	管道内盛有易燃液体或气体，如汽油、甲醇、乙醇、苯、氢气等，未排除干净，与空气混合达到爆炸浓度，遇明火即发生爆炸
触电	管道检修时，金属外壳导电，即使在低电压下，也易触电
化学灼伤	管道内盛有酸、碱等介质，未清洗干净，或进料管线未切断，有酸、碱溅出，易造成灼伤

四、泄漏类型

管路泄漏的根本原因在于其结构件的作用失效，多发生在连接件及其管段上。法兰、连接螺纹、阀门体及填料上发生的泄漏，属于管道连接件泄漏，而焊口、流体转向的弯头、三通等部位发生的泄漏，属于管段上的泄漏。

1. 法兰泄漏

法兰密封是化工装置中应用最广泛的一种密封结构形式。这种密封形式一般是依靠其连接螺栓所产生的预紧力，通过各种垫片达到足够的工作密封比压，来阻止被密封流体介质的外泄，属于强制密封范畴。管道法兰泄漏可归为三类，如图 7-4 所示。

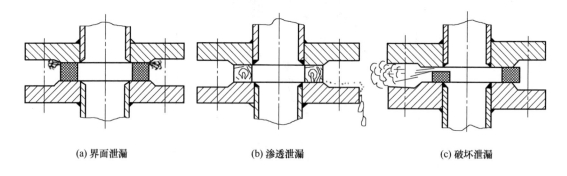

图7-4 法兰泄漏的形式

（1）界面泄漏　界面泄漏是一种被密封介质通过垫片与两个法兰面之间的间隙面产生泄漏的形式。密封垫片压紧力不足、法兰结合面上的粗糙度不恰当、管道热变形、机械振动等都会引起密封垫片与法兰面之间密合不严而发生泄漏。另外，法兰连接后，螺栓变形、伸长及密封垫片长期使用后塑性变形、回弹力下降、材料老化、龟裂、变质等，也会造成垫片与法兰面之间密合不严而发生泄漏，如图 7-4（a）所示。因此，把这种由于金属面和密封垫片交界面上不能很好地吻合而发生的泄漏称为"界面泄漏"。无论哪种形式的密封垫片或哪种材料制成的密封垫片都可能会出现界面泄漏。

在法兰连接部位上所发生的泄漏事故，绝大多数是这种界面泄漏，多数情况下，这种泄漏事故占全部法兰泄漏的 80%～95%，有时甚至是全部。

（2）渗透泄漏　渗透泄漏是一种被密封介质通过垫片内部的微小间隙产生的泄漏形式。植物纤维（棉、麻、丝）、动物纤维（羊毛、兔毛等）、矿物纤维（石棉、石墨、玻璃、陶瓷等）和化学纤维（尼龙、聚四氟乙烯等各种塑料纤维）等都是制造密封垫片的常用原材料，皮革、纸板也常被用作密封垫片原材料。这些垫片的基础材料的组织成分比较疏松、致密性差，纤维与纤维之间有无数的微小缝隙，很容易被流体介质浸透，在流体介质的压力作用下，被密封介质会通过纤维间的微小缝渗透到低压一侧，如图 7-4（b）所示。由于垫片材料的纤维和纤维之间有一定的缝隙，流体介质在一定条件下能够通过这些缝隙而产生的泄漏现象称为"渗透泄漏"。

渗透泄漏一般与被密封的流体介质的工作压力有关，压力越高，泄漏量也会随之增大。另外渗透泄漏还与被密封的流体介质的物理性质有关，黏性小的介质易发生渗透泄漏，而黏性大的介质则不易发生渗透泄漏。渗透泄漏一般占法兰密封泄漏事故的 5%～10%。

(3) 破坏泄漏 破坏泄漏从本质上说也是一种界面泄漏，引起破坏泄漏的原因主要是人为因素。密封垫片在安装过程中，易发生装偏的现象，从而使局部的密封比压不足或预紧力过度，超过了密封垫片的设计限度，而使密封垫片失去回弹能力。另外，法兰的连接螺栓松紧不一，两法兰中心线偏移，在把紧法兰的过程中都可能发生上述现象，如图7-4（c）所示。由于安装质量欠佳而产生密封垫片压缩过度或密封比压不足而发生的泄漏称为"破坏泄漏"。这种泄漏很大程度上取决于人的因素，应当加强施工质量的管理。破坏泄漏事故一般占全部泄漏事故的1%～5%。

2. 管段泄漏

管段处泄漏的原因主要有以下几种。

(1) 焊缝缺陷引起的管道泄漏 在焊接过程中，由于人为的因素及其他自然因素的影响，在焊缝成形过程中不可避免地存在着各种缺陷，如裂纹、未焊透、未熔合、夹渣、气孔等。焊缝上发生的泄漏现象，很大一部分是因为焊接过程中所遗留下的焊接缺陷。在管道使用过程中由于使用条件如交变应力、振动等的影响，使缺陷扩展，以致引起管道泄漏。

(2) 腐蚀引起的管道泄漏 有些管道系统在腐蚀介质、环境因素及应力等的作用下造成管道的腐蚀，如应力腐蚀、氢腐蚀、点腐蚀、晶间腐蚀及大面积的均匀腐蚀等，使管壁变薄，造成管子局部穿孔，发生泄漏。

(3) 冲刷引起管道泄漏 由于高速运动的流体在改变方向时，对管壁产生较大的冲刷力，使管壁逐渐变薄，这种过程就像滴水穿石一样，最终造成管道穿孔而泄漏。如蒸汽管道的弯头处常发生冲刷引起的管道泄漏。

(4) 振动引起的管道泄漏 强烈的机械振动或流体的气锤、水锤的冲击作用，使管材承受交变载荷产生疲劳裂纹，导致泄漏。凡是经常振动的管道，发生泄漏的比例要比正常管道大得多。振动能使法兰的连接螺栓松动，垫片上的密封比压下降，还会使管道焊缝内的缺陷扩展，最终导致严重的泄漏事故。

(5) 冻裂引起的管道泄漏 因管子内的介质冻胀将管子冻裂，或因管子周围的土产生冻胀使管子移位而造成管子泄漏。

(6) 外力作用引起的管道泄漏 因外部静载荷或冲击载荷超过管子的允许限度而使管子泄漏，如管道在道路下埋设较浅，在车辆冲击、振动载荷作用下则产生泄漏。

(7) 管材本身缺陷引起的管道泄漏 由于管材存在细小的砂眼、裂缝，初期不明显，经过一段时间运行后，缺陷扩大，产生泄漏。

3. 螺纹泄漏

螺纹泄漏的主要原因有螺纹加工质量差，配件或设备上的螺纹不符合要求，生料带选用不当或密封不紧，连接时松扣等。

五、泄漏处置方法

管道泄漏常用的处置方法有更换垫片、带压堵漏等。

1. 更换垫片

设有旁通管路上的阀门、设备法兰连接处垫片损坏泄漏时，可以通过工艺切换后，拆卸法兰直接更换垫片。主管路上法兰连接处垫片损坏泄漏时，需在局部管路短时间停止运行条件下进行垫片更换。垫片更换技术要求如下：

① 安装前，应检查法兰的形式是否符合要求，密封面的粗糙度是否合格，有无机械损伤、径向刻痕和锈蚀等。

② 检查螺栓及螺母材质、形式、尺寸是否符合要求；螺母在螺栓上转动应灵活自如，不晃动；对于螺纹，不允许有断缺现象；螺栓不允许有弯曲现象。

③ 检查垫片材质、形式、尺寸是否符合要求，是否与法兰密封面相匹配；垫片表面不允许有径向刻痕、严重锈蚀、内外边缘破损等缺陷。

④ 安装椭圆形、八角形截面金属垫圈前，应检查垫圈的截面尺寸是否与法兰的梯形槽尺寸一致，槽内表面粗糙度是否符合要求。

⑤ 安装垫片前，应检查管道及法兰是否存在偏口、张口、错孔等安装质量问题。两法兰必须在同一中心线上并且平行。不允许用螺栓或尖头钢钎插在螺孔内对法兰进行校正，以免螺栓承受过大剪应力。两法兰间只准加一张垫片，不允许用多加垫片的办法来消除两法兰间隙过大的缺陷。

⑥ 垫片必须安装准确，以保证受压均匀。

⑦ 为防止石棉橡胶垫粘在法兰密封面上不便于清理，可在垫片两面均匀涂上一层薄薄的石墨涂料，石墨可用少量甘油或机油调和。金属包垫、缠绕垫表面不需要涂石墨粉。

⑧ 选择合适长度的螺栓，通常螺母拧紧后，螺栓两端各长出1～2个螺距。

2. 带压堵漏

修理管道泄漏的传统方法是补焊和换件，但均需短时停车，流程性生产很难做到，易燃易爆介质有时不允许停车。带压堵漏技术可以在保证生产、运行连续的情况下把泄漏部位密封止漏，避免停车损失。带压密封操作简便、安全、迅速、经济，且社会效益较高，在石油化工、化工、电力、冶金等行业得到广泛的应用，取得了较好的经济效益。目前国内带压堵漏作业按技术原理和方法的不同，可分为注剂式带压堵漏技术、带压粘接密封技术、带压顶紧式密封技术和带压焊接密封技术四大类。下面介绍金属管道常用的几种堵漏方法。

（1）夹具堵漏　夹具是最常用的消除低压泄漏的专用工具，俗称"卡箍""卡具"，见图7-5。常用的夹具是对开两半的，由钢（或不锈钢）管夹、密封垫（如铅板、石棉橡胶板）和紧固螺栓组成。其费用低，安装方便快速，适用于压力不高（一般低于2 MPa）的情况。

使用时，先将夹具扣在穿孔处附近后穿上螺栓，以用力能使卡子左右移动为宜；然后将卡子慢慢移动至穿孔部位，上紧螺丝固定。密封垫（如铅板）的厚度必须适中，太薄没有补偿作用，太厚则不能完全压缩，不易堵漏，而且漏点的位置及介质压力、温度等因素都要认真考虑。

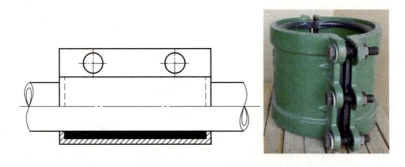

图7-5　卡箍堵漏示意图

（2）夹具注胶堵漏　夹具注胶法是在人为外力的作用下，将密封注剂强行注射到夹具与泄漏部位部分外表面所形成的密封空腔内，迅速地弥补各种复杂的泄漏缺陷，在注剂压力远远大于泄漏介质压力的条件下，泄漏被强行止住，密封注剂自身能够维持住一定的工作密封比压，并在短时间内由塑性体转变为弹性体，形成一个坚硬的、富有弹性的新的密封结构，达到重新密封的目的。见图7-6。

使用时，先按泄漏部位的外形制作一个两半的钢制夹具，安装固定在泄漏处；然后把密封剂用高压注胶枪注入夹具和泄漏部位之间的空腔内。当注射压力大于泄漏压力时，泄漏停止，直到注射压力稳定，关闭注剂阀，堵漏结束。

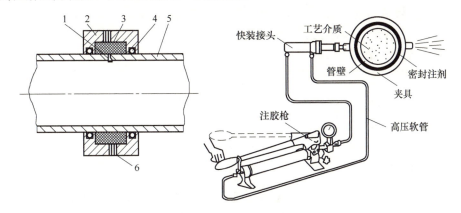

图7-6　夹具注胶法

1—泄漏缺陷；2—夹具；3—密封注剂；4—密封元件；5—管壁；6—注剂孔

（3）塞楔堵漏　塞楔法是将韧性大的金属、木质、塑料等材料挤塞入泄漏孔、裂缝、洞内，实现带压堵漏的目的，见图7-7。目前国外已经有规范化多种尺寸规格的标准木楔，专门用于处理裂缝及孔洞状的泄漏事故。

当用手力难以制止泄漏时，可先把木楔子塞在穿孔处，堵住泄漏。一般用于压力较低（一般＜0.5 MPa）、穿孔不大的场合，见图7-8。

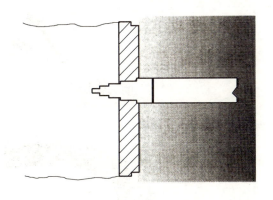

图7-7　塞楔法示意图

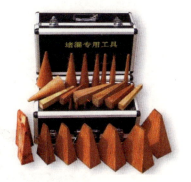

图7-8　嵌入式木楔堵漏工具

根据泄漏点的大小和形状，选择合适的干燥红松（或竹签、筷子、干枯树枝）削成前细后粗的楔子，一般长60～100 mm。在木楔的小头尖端缠紧聚四氟乙烯带后，再均匀地涂上一层糊状的氯丁橡胶，随后用手锤将木楔子打入漏孔上，把木楔塞的出头锯掉，就完成了临时堵漏。也可用棉纱蘸上胶，顶在木楔头上打进去。最后还需进行加固，可打管卡、用胶黏剂涂抹或缠绕玻璃钢补强。

（4）钢带缠绕堵漏　钢带缠绕法是使用钢带拉紧器，将钢带紧密地缠绕捆扎在漏点处的密封垫或密封胶上，制止泄漏，见图7-9。这种方法简便易行，容易掌握，适合压力低于3 MPa、直径小于500 mm、外圆齐整的管道、法兰；缺点是弹性很小。

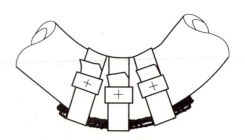

图7-9　缠绕堵漏示意图

此外，还有填塞粘接堵漏、顶压粘接堵漏、引流粘接堵漏。有一些特殊的泄漏点，如存在严重腐蚀的气柜壁上的泄漏孔洞、燃气管道及非金属管道上出现的泄漏，可以考虑采用引流粘接法进行堵漏作业。

任务实施

一、设备与工具

按照不同的堵漏方法，泄漏处理所用工具各不相同，除了常用扳手等拆装工具外，还有哈夫节、注胶枪、钢带拉紧器、钢带钳、G型卡兰、注胶阀等，见表7-6。

表7-6　管道系统泄漏处理主要工具

名称	配图	名称	配图
哈夫节		注胶枪	
钢带拉紧器		钢带钳	
G型卡兰		注胶阀	

哈夫节结构简单，只由两件本体、两件橡胶垫以及配套螺栓螺母组成。目前市面上哈夫节管件形状各异，可满足不同泄漏部位实际需求。

注胶枪由液压泵、三通表座、液压表、快装接头、手动压杆、复位钮、注胶枪头、高压软管组成。

钢带拉紧器是拉紧钢带的专用工具，它由切断钢带用的切口、夹紧钢带的夹持手柄、拉紧钢带的扎紧手柄组成。钢带拉紧器使用方法见图7-10。

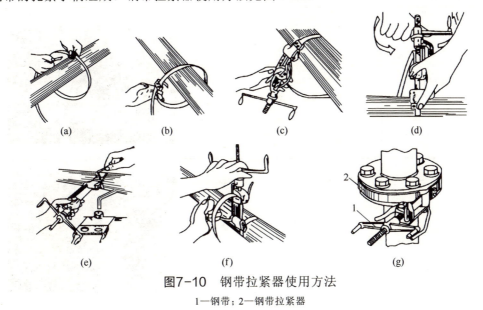

图7-10 钢带拉紧器使用方法
1—钢带；2—钢带拉紧器

二、操作前准备

（1）选定泄漏处理方法 查看泄漏现场，正确分析泄漏原因，结合泄漏位置、泄漏程度、现有工装设备，选定泄漏处理方法。

（2）制订工作计划 查阅相关设计资料及管道的运行记录，了解管道系统介质的特性、安全技术要求，危险分析后采取必要的作业安全措施。考虑作业现场实际环境，结合工具安全、工艺安全、防护用品等方面制订工作计划。准备好检修机具、材料、安全防护品等。

三、操作指导

泄漏处理方法有多种，这里介绍更换垫片，以及带压堵漏中典型的管道泄漏哈夫节堵漏和法兰泄漏钢带丝杠注胶堵漏。

1. 更换垫片

更换垫片操作步骤见表7-7。

表7-7 管道法兰连接处更换垫片操作步骤

操作步骤	操作规范与要求	操作图示
1. 正确穿戴合适的个人防护用品（PPE）	按照危险分析选择合适的个人防护用品	

续表

操作步骤	操作规范与要求	操作图示
2. 准备工具和材料	工具包括盲板、隔离锁具、梅花扳手、呆扳手、快速软管、装有肥皂水的喷壶、适用的垫片等	
3. 作业现场维修警戒	当进行检修时，应划定禁区，无关人员不得进入	
4. 管道系统降温、泄压、放料和置换、吹扫	系统停车后，把管道降温至45℃以下，泄压至大气压，放料应尽可能彻底。介质为易燃、易爆、有害气体的管道，需用惰性气体进行置换。易燃液体排液时要接地释放静电	
5. 隔离上锁挂牌	用盲板将待修管道与不修管道及设备断开，并且上锁挂告知牌。不采用阀门切断，以防止阀门内漏	
6. 更换垫片	拆卸泄漏处法兰，取出旧垫片放至指定地点，按照法兰连接规范要求安装准备好的新垫片	

续表

操作步骤	操作规范与要求	操作图示
7.气密性试验	按照气密性试验操作规范对管道用压缩空气进行气密性试验,用肥皂水检查漏点,若泄漏需泄压调整后重新充压试漏,要做好相关记录	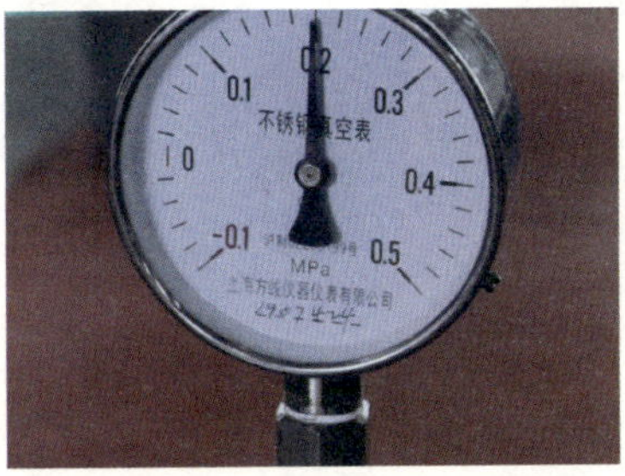
8.泄压	试验合格后,缓慢打开泄压阀,将压力降到零。严禁泄压前拆卸压缩空气快速软管	
9.恢复管路	恢复盲板,挂牌解锁,恢复管路阀门状态	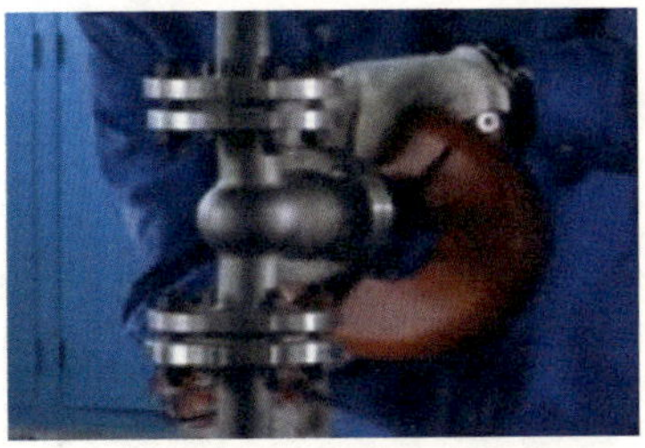
10.整理工具,清理现场	整理所有工具,并放回原位;打扫作业现场,保证地面和设备外表面无积液	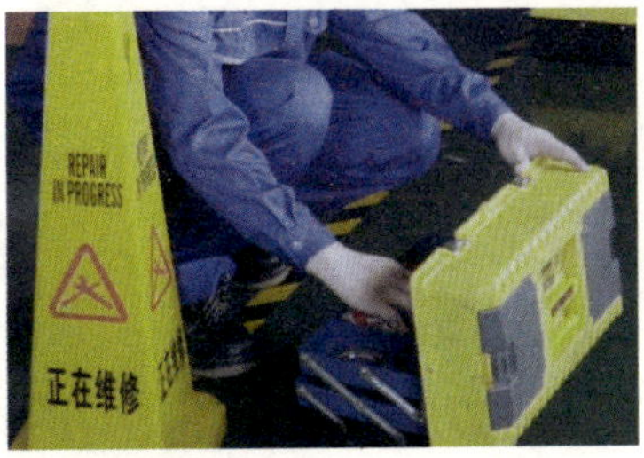

2. 哈夫节堵漏

管路系统三通焊缝处泄漏,采用哈夫节带压堵漏。操作步骤见表 7-8。

表 7-8　哈夫节堵漏操作步骤

操作步骤	操作规范与要求	操作图示
1. 风险辨识	结合管道内的化学品特性、管道压力和温度进行危险性分析	
2. 选择穿戴合适的个人防护用品	按照危险性分析选择合适的个人防护用品。若是易燃液体需穿防静电工作服	
3. 选择合适的工具	选择尺寸对应的哈夫节，选择合适的工具，若是易燃易爆液体，需选用防爆扳手	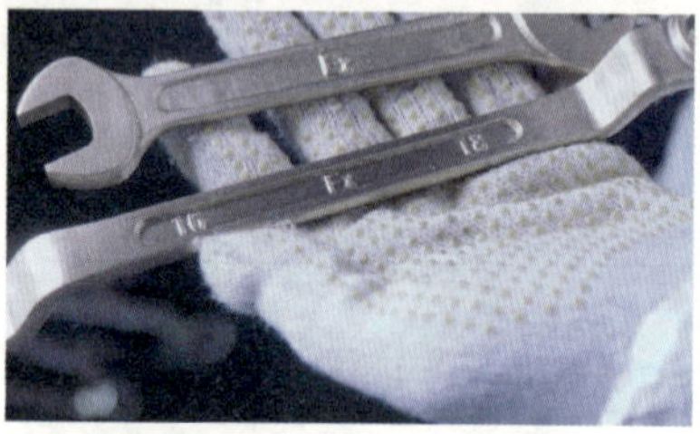
4. 安装哈夫节	将哈夫节两个本体对合在泄漏处，拧紧螺母，注意哈夫节的橡胶垫应紧贴泄漏管道，两人合作分 2～3 次对角拧紧螺栓，螺栓朝向一致，无泄漏为合格	
5. 回收工具至指定地点，现场清理	整理所有工具，并放回原位；清洁打扫作业现场，保证地面和设备外表面无积液	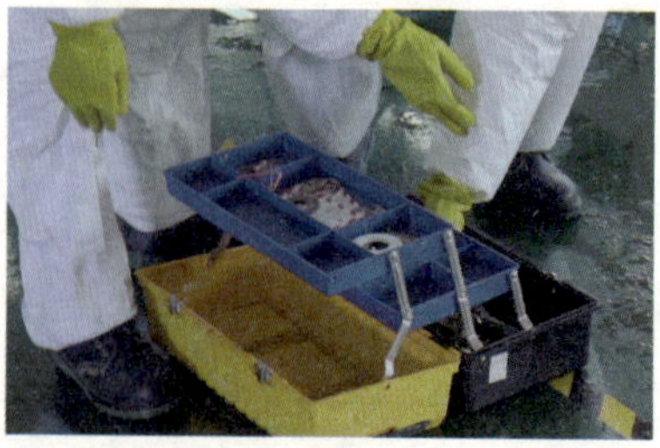

哈夫节堵漏，操作方便，能大大提高工作效率，应用广泛。

3. 法兰钢带丝杠注胶堵漏

法兰钢带丝杠注胶堵漏操作步骤见表 7-9。

表 7-9　法兰钢带丝杠注胶堵漏操作步骤

操作步骤及图示	
1. 选择合适的个人防护用品 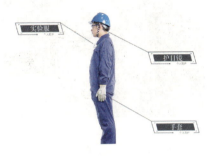	2. 准备工具：游标卡尺、G 型卡兰、丝杠注胶阀、钢带、拉紧器、钢带剪、注胶枪、纤维胶棒、扳手等 
3. 用游标卡尺测量泄漏法兰处连接螺栓的直径，测量值为 16 mm 	4. 选择 M16 的丝杠注胶阀 
5. 使用 M16 固定扳手把 G 型卡兰固定在泄漏法兰上面 	6. 使用 M16 固定扳手将法兰的一个螺栓松开并取下螺母 
7. 取出 M16 丝杠注胶阀，将无台阶面对准法兰 	8. 使用 M16 固定扳手拧紧螺母后拆掉 G 型卡兰 

续表

操作步骤及图示	
9. 使用内六角扳手将钢带卡扣的顶丝松开，将钢带其中的一头折弯，把钢带卡扣穿到钢带上 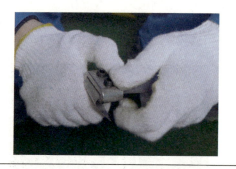	10. 将钢带套在管道上一周，并留有余量 
11. 使钢带穿过钢带拉紧器扁嘴，然后按住压紧杆，以防钢带退滑 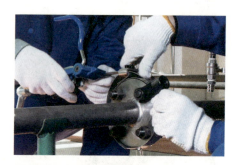	12. 在钢带卡扣底部垫一块钢带 
13. 转动拉紧手把，逐渐拉紧钢带 	14. 钢带拉紧器拉到一定程度后，将钢带卡扣锁紧，以防脱扣，用钢带剪将多余的钢带剪掉 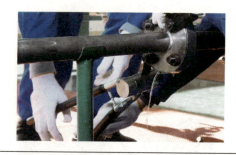
15. 将注胶枪安装在丝杠注胶阀上 	16. 把手动压杆安装到注胶枪上 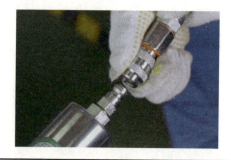

续表

操作步骤及图示	
17. 将密封纤维胶棒放入注胶枪头填料孔 	18. 顺时针拧紧注胶枪泄压阀 
19. 反复提拉压杆，枪栓会顶住胶通过螺栓螺纹进入法兰空隙，直至不再泄漏 	20. 逆时针松开注胶枪泄压阀，推料杆退回原始位置 

注意事项如下：

（1）枪头的丝口和快装接头易损坏，使用时要格外注意。

（2）G型卡兰靠近松动的螺栓处需拧紧。

（3）每次注射密封剂，应把枪筒腔内的密封剂全部推出，再使活塞推杆复位。

（4）要保持推料杆表面光洁，每次操作完后，应及时清除粘在推杆表面的密封剂及其他残留物。

（5）必须确认推料杆完全退回原始位置，才能卸下胶盖的快装接头。

（6）操作过程中注意安全，避免被钢带条割伤。

四、交付使用前安全检查

为了保证安全生产，检修后的管道在交付使用前，应进行安全检查，其内容主要有以下几个方面。

（1）管道的技术状态。管道是否已按工艺要求与其他设备、有关配管相连，检修用的临时盲板是否已拆除，各路阀门是否按要求处于相应启、闭状态，法兰垫片是否齐全，连接螺栓是否已均匀上紧，试验用水、气是否已排除干净。对于易燃、易爆管道系统，是否已用惰性气体置换，排除了管道各个部位的空气，以保证管道的安全运行。

（2）安全附件应齐全，无任何损伤，并均已按规定进行过校检，铅封完整。

（3）检修现场。应拆除检修时的一切临时设施，做到检修场地清，工完料净，没有任何杂物和垃圾。

五、安全与环保

（1）发现泄漏必须及时上报，并启动应急预案。

（2）泄漏处理现场作业前必须通知相关部门。

（3）泄漏处理现场需要拉警戒线，设置检修告知牌，并配备消防、急救等应急设施，作业人员必须佩戴合适的个人防护用品才能进入现场。

（4）按6S要求做好现场管理，及时清理设备和地面残留物。

> **实战演练　管道泄漏故障处理**
> 见本书工作页，项目十六～项目十八。
> 管道泄漏故障处理

拓展阅读

化工生产过程中的泄漏主要包括易挥发物料的逸散性泄漏和各种物料的源设备泄漏两种形式。《关于加强化工企业泄漏管理的指导意见》明确指出：加强泄漏管理是预防事故发生的有效措施。泄漏是引起化工企业火灾、爆炸、中毒事故的主要原因，要树立"泄漏就是事故"的理念，从源头上预防和控制泄漏，减少作业人员接触有毒有害物质，提升化工企业本质安全水平。企业要按照《石油化工可燃气体和有毒气体检测报警设计标准》（GB/T 50493—2019）和《工作场所有毒气体检测报警装置设置规范》（GBZ/T 223—2009）等标准要求，在生产装置、储运、公用工程和其他可能发生有毒有害、易燃易爆物料泄漏的场所安装相关气体监测报警系统，重点场所还要安装视频监控设备。要将法定检验与企业自检相结合，现场检测报警装置要设置声光报警，保证报警系统的准确、可靠性。

巩固练习

1. 夹具注胶堵漏时，当注射压力大于泄漏压力时，泄漏停止，关闭_____，堵漏结束。

2. 卡箍是对开两半的，由钢管夹、_____和_____组成。

3. 钢带缠绕法是使用_____，将钢带紧密地缠绕捆扎在漏点处的密封垫或密封胶上，制止泄漏。

4. 石棉橡胶垫片多次重复使用后发生泄漏，试简述其泄漏原因。

5. 某化工管路在气动调节阀处设置有旁通管路，试简述旁通管路的作用。

6. 某端管子腐蚀穿孔泄漏，车间停车大检时焊接了一段新管，采取什么方法检查检修质量为宜？

7. 某工人将螺纹受损的螺母拧到了全螺纹螺柱上，拧了3圈后，拧不动了，在不破坏螺母的情况下，如何拆下受损螺母？

8. 某工人巡检时，发现一段管道从裂纹处向外大量喷射有毒液体，现场"烟雾"缭绕，他想采用带压堵漏应急处置措施，合理吗？

参 考 文 献

[1] 赵少贞.化工识图与制图[M].第2版.北京：化学工业出版社，2019.
[2] 吕安吉，郝坤孝.化工制图[M].第2版.北京：化学工业出版社，2020.
[3] 宋树波，邵泽波.化工机械及设备[M].第5版.北京：化学工业出版社，2018.
[4] 隋博远.化工设备拆装实训教程[M].北京：化学工业出版社，2018.
[5] 陈星.化工设备维护与维修[M].北京：化学工业出版社，2019.
[6] GB 50235—2010.工业金属管道工程施工规范.
[7] GB/T 1048—2019.管道元件 公称压力的定义和选用.
[8] GB/T 1047—2019.管道元件 公称尺寸的定义和选用.
[9] GB/T 20801—2020.压力管道规范 工业管道.
[10] GB/T 8163—2018.输送流体用无缝钢管.
[11] GB/T 14383—2021.锻制承插焊和螺纹管件.
[12] 段林峰，邱小云.化工腐蚀与防护[M].第3版.北京：化学工业出版社，2021.
[13] 王强，曲文晶，苗金明.管道腐蚀与防护技术[M].北京：机械工业出版社，2016.
[14] 张映红，韦林，莫翔明.设备管理与预防维修[M].第3版.北京：北京理工大学出版社，2019.
[15] 中国机械工程学会设备与维修工程分会.工业管道及阀门维修问答[M].第2版.北京：机械工业出版社，2017.

化工管路拆装
工作页

（活页式）

胡迪君　主　编
陈　星　副主编
张　华　主　审

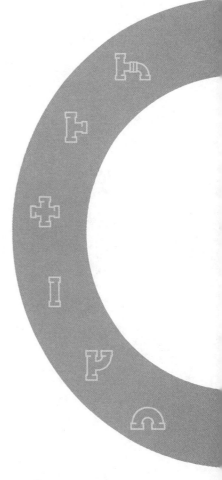

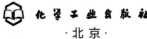

目录

项目一　管路轴测图识读

项目二　材料采购清单整理

项目三　管箍加工（金属材料加工）

项目四　管子管件领用（游标卡尺使用）

项目五　阀门及其他配件领用

项目六　管道及阀门安装（法兰连接）

项目七　压力表安装（螺纹连接）

项目八　水压试验

项目九　气密性试验

项目十　离心泵拆装

项目十一　离心泵的运行——离心泵开停车

项目十二　离心泵的运行——离心泵切换

项目十三　离心泵的运行——离心泵串并联

项目十四　往复泵的运行

项目十五　日常维护保养——更换润滑油

项目十六　管道泄漏故障处理——更换垫片

项目十七　管道泄漏故障处理——哈夫节堵漏

项目十八　管道泄漏故障处理——钢带丝杠注胶堵漏

项目一
管路轴测图识读

一、任务描述

根据单套管路轴测图（见图1-1），识别管配件符号含义，分析管路的走向和方位，明确管道相关参数，并以某段管道为例，分析和计算管子的长度。

二、能力目标

1. 具备制定目标，并按计划执行的能力。
2. 能够小组协作共同完成任务。
3. 能够识别管配件符号。
4. 能够判别管路方位和走向。
5. 能够读懂管路轴测图中各符号的含义。
6. 能够根据管路轴测图，计算某段管子的长度。

三、主导问题

1. 请分别说明下列符号的含义。
BOP EL1.70

PW-201-50-N1B-H

2. 请画出4种管道连接的表示方式。

3. 请说明 PN16，DN50 的含义。

4. 请说明 N 代表哪个方向。

项目一 管路轴测图识读

图 1-1 单套管路轴测图

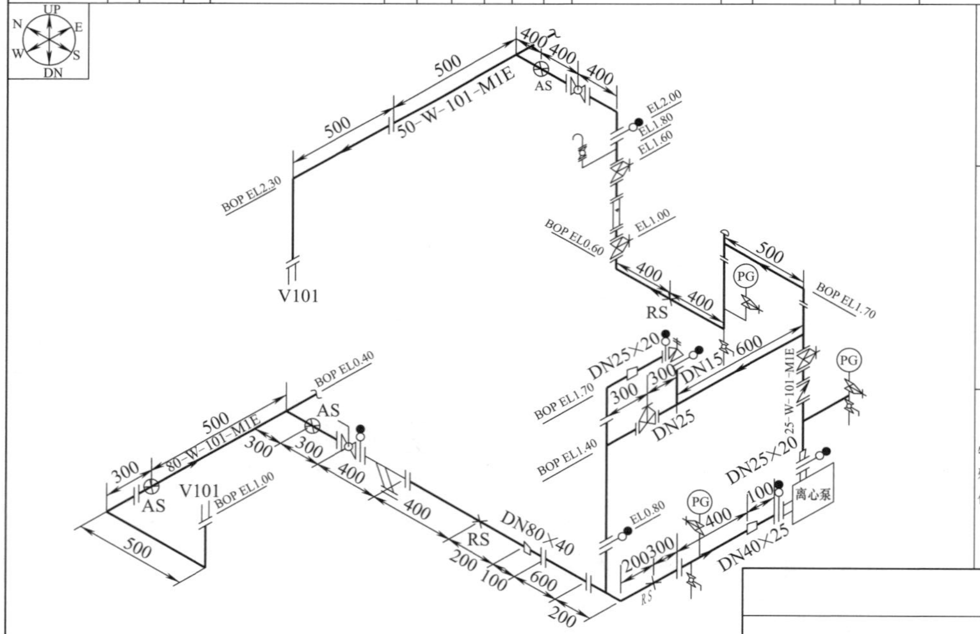

四、任务计划

1. 注意事项与安全环保知识。
（1）本任务是管路轴测图的识读，要细致分析，确保信息准确无误。
（2）全面仔细识读管路轴测图，如果信息不清，请向管道设计方咨询。

2. 为了保证顺利完成图纸的识读工作，请对读图的顺序进行梳理，并写在下面的空白处。

第一：识读标题栏。
第二：_____。
第三：_____。
第四：_____。
第五：_____。
第六：_____。

五、任务实施

仔细阅读本项目提供的管路轴测图，回答下列问题。

1. 管路轴测图的图号为：_____。

2. 图中的管道有几种规格的管子，都是哪些规格？

3. 根据管子的公称直径，写出对应的外径和壁厚。

DN40：_____
DN50：_____
DN25：_____
DN80：_____

4. 从储罐 V101 开始，将罐出口位置标记为 A，现已依次标记了字母，请将其余管道分段点标记清楚。可考虑按照管子的规格进行分段，也可以按照介质的走向，以变径管为界进行分段。将分段结果写在空白处。

5. 说出从设备 V101 出口 A 点开始，到 D 点的管道走向。

6. 写出"BOP EL0.40"的含义_____。

7. 管路上有多少阀门？将阀门进行命名，说明阀门的基本参数。

8. 哪些阀门是法兰连接，哪些是螺纹连接？

9. 本图中管道的连接方式有哪些？举例说明每一种连接的位置。

10. 说出法兰连接的数量（不包括阀门）。给不同位置的法兰进行编号，并填写表 1-1。

表 1-1 法兰编号及规格

法兰位置编号	法兰规格	法兰位置编号	法兰规格

11. 管子长度计算。

请计算从 A 点至 D 点，管子的总长度。

特别提示：计算管子总长度时，要将管件的尺寸去除。管件的尺寸需自行查找。

六、任务总结评价

请自我检查、小组间进行检查，并进行评价。

1. 成果展示。
2. 自我评估、小组评估、教师评估与总结。
3. 任务评价表（见表 1-2）。

班级：　　　　　　姓名：

表 1-2　管路轴测图识读任务评价表

姓名		班级		学号		日期		
序号	检查项目		自我评价	小组评价		教师评价		备注
1	引导问题回答正确(5分/题)							
2	工作计划清晰完整(10分)							
3	任务完成	准确性(5分/题)						
		规范性(5分)						
4	专业谈话准确(10分)							
5	任务活动参与度(10分)							
合计								
总分								

七、评估谈话

1. 你认为本任务提供的轴测图有可改进之处吗？若有，你会怎么改？
2. 你认为本任务的难点是什么？你是如何解决的？

项目一 管路轴测图识读

课堂笔记

项目二
材料采购清单整理

一、任务描述

根据管路图中材料表（表 2-1）的内容，分析零部件材料等情况，了解材料所属的类别，分析整理后填写采购清单。清单中部分内容需进行查询或咨询，可以采用网上咨询、实体店咨询等方式进行信息收集，根据询价结果做出采购预算的总价。

表 2-1　材料表

编号	名称规格	材料	标准型号及参考标准	数量	单位	备注
1	无缝钢管 φ219 mm×7.5 mm	碳钢	GB/T 8163—2018	0.5	米	
2	无缝钢管 φ159 mm×6.5 mm	碳钢	GB/T 8163—2018	70	米	
3	无缝钢管 φ89 mm×5.5 mm	碳钢	GB/T 8163—2018	20	米	
4	无缝钢管 φ25 mm×3.5 mm	碳钢	GB/T 8163—2018	3	米	
5	法兰闸阀 DN20 PN25	碳钢	Z41H-16	6	个	
6	90°长半径弯头 90E(L)-DN80(Ⅱ系列)-5.5	20#	GB/T 12459—2017	3	个	
7	90°长半径弯头 90E(L)-DN150(Ⅱ系列)-6.5	20#	GB/T 12459—2017	10	个	
8	异径三通 T(R)-DN150X100(Ⅱ系列)-6.5×6.0	20#	GB/T 12459—2017	2	个	
9	异径三通 T(R)-DN150X80(Ⅱ系列)-6.5×5.5	20#	GB/T 12459—2017	1	个	
10	同心异径管 R(C)-DN40X20(Ⅱ系列)-4.5×3.5	20#	GB/T 12459—2017	1	个	
11	同心异径管 R(C)-DN80X40(Ⅱ系列)-5.5×4.5	20#	GB/T 12459—2017	1	个	
12	偏心异径管 R(E)-DN200X150(Ⅱ系列)-7.0×6.5	20#	GB/T 12459—2017	1	个	
13	带颈对焊钢制管法兰 WN 20(B)-25 RF S=3.0	20#	HG/T 20592—2009	14	个	
14	金属缠绕式垫片 C20-25	1220	HG/T 20610—2009	14	个	
15	螺母 M12	30CrMo	HG/T 20613—2009	112	个	
16	全螺纹螺柱 M12×75	35CrMo	HG/T 20613—2009	56	个	
17	对焊管帽 DN80 PN25	20#	GB/T 12459—2017	1	个	
18	承插焊楔式闸阀 DN20 PN25	碳钢	Z61H-25	2	个	
19	承插焊接管台 DN80×20-3000LB	20#	HG/T 21632—1990	6	个	
20	自由浮球疏水阀 DN20 PN25	碳钢	Z61H-25	1	个	

二、能力目标

1. 能够区分不同材料。
2. 能够根据管路图及材料表，整理采购清单。

三、主导问题

1. 说明 20# 材料的符号含义、类别、性能、应用场合。
2. 说明 Q235-A 材料的符号含义、类别、性能、应用场合。
3. 说明 GB/T 12459—2017 是什么标准。
4. 说明材料 Q235-A 和 20# 价格是否一致，哪种材料的价格更贵，分析价格不同的原因。

四、任务计划

1. 为了确保任务实施，需要对材料表进行归类和整理。
（1）对材料相同的零件进行归类。

（2）明确材料符号的含义。

2. 对材料表中零部件进行询价和计算。

五、任务准备

小组分工见表 2-2。

表 2-2　小组分工

小组信息	班级名称		日期	
	小组名称		组长姓名	
	岗位分工	发言人	观察员	记录员	技术员
	成员姓名				

六、任务实施

1. 填写表 2-3（个人完成）。

表 2-3　材料采购清单

序号	产品名称	标准	规格型号	材料	数量	数量单位	单价	总价	备注

续表

序号	产品名称	标准	规格型号	材料	数量	数量单位	单价	总价	备注

预算价格为：_____元。

2. 小组最终确定结果（小组完成）。

请小组针对每个成员的材料采购清单进行分析、讨论，最终确定小组的采购清单（表2-4）。

表2-4　最终材料采购清单

序号	产品名称	标准	规格型号	材料	数量	数量单位	单价	总价	备注

预算价格为：_____元。

七、检查与评价

1. 小组内自我检查、小组间互相检查，并进行评价。
2. 自我评估与总结。

3. 教师评估与总结。

填写表 2-5。

表 2-5　材料采购清单整理任务评价表

姓名		班级		学号		日期	
序号	检查项目			自我评价	小组评价	教师评价	备注
1	引导问题回答正确(5分/题)						
2	态度端正，工作认真(20分)						
3	所做材料采购清单无漏项错误 (5分/项，共计50分)						
4	总价计算正确(10分)						
	合计						
	总分						

八、评估谈话

1. 你认为产品价格与哪些因素有关？
2. 你认为本任务的难点是什么？你是如何解决的？

项目三
管箍加工（金属材料加工）

一、任务描述

小王在收集和整理管路采购清单的过程中，发现有一管箍未在采购清单中，需要现场制作。经过分析，小王决定请教企业工程师，根据图纸要求，选择普通碳素钢进行加工。加工过程中要考虑管箍的材料、尺寸、加工方法、工序、工具、量具、作业安全等。

本次加工的管箍尺寸见图 3-1，原料为厚度为 4 mm，宽度为 25 mm 的扁钢带，钢带为普通碳素钢 Q235-A。

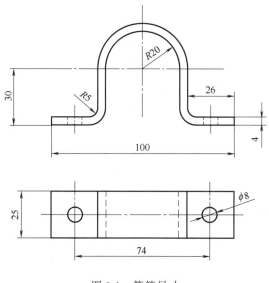

图 3-1　管箍尺寸

二、能力目标

1. 能够读懂零件图。
2. 能够正确使用各种加工工具进行零件加工。
3. 能够完成划线、切割、锉削、冲眼、钻孔等操作。
4. 通过加工操作提高工作过程中安全意识，严格执行工具、设备、现场 6S 管理和 TPM 管理。

三、主导问题

1. 零件图各类符号、标准的含义是什么？

项目三 管箍加工（金属材料加工）

2. 划线、冲眼、锯削、锉削、钻孔等加工方法的原理、使用场合、操作方法、安全注意事项分别是什么？

3. 平口虎钳有哪些用途？

4. 如何保证工件表面在被夹紧时不会受到损伤？

四、任务计划

1. 分析零件图，拟定工艺路线。

2. 制订加工管箍的工作计划。

第一：_____

第二：_____

第三：_____

第四：_____

第五：_____

五、任务准备

1. 任务确认。

本任务安全须知

（1）进入实训车间，必须穿着工作服（含工作裤）、防护鞋，戴护目镜。

（2）严禁佩戴手套及手表、手链、戒指、项链等饰品和胸卡，以免物品缠绕或卷入机器中发生危险。

（3）读懂车间的安全标志并遵照行事。

（4）工件去毛刺，避免划伤危险。

（5）切削废弃物应放置在指定存放处。

（6）实训操作中严格遵守6S管理。

我已经知晓本任务及安全须知，将严格遵守并进行操作。

签字人：_____

时间：_____

2. 设备、工具的准备，填写表3-1。

表 3-1　设备、工具的准备

作业单号：　　　　　领料部门：　　　　　　　　年　　月　　日

序号	名称	数量	规格	单位	借出时间	借用人签名	归还时间	归还人签名	管理员签名	备注

3. 人员分工见表 3-2。

表 3-2　人员分工

序号	岗位	职责	人员

4. 个人防护穿戴。

执行该工作任务，需要穿戴的个人防护用品有：

六、任务实施

1. 计算。

请根据管箍的零件图（图 3-2），计算钢带下料长度。

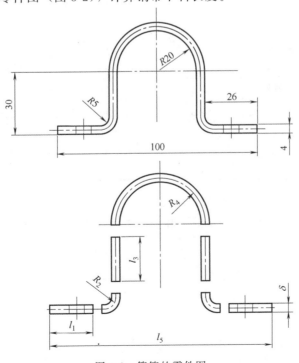

图 3-2　管箍的零件图

项目三 管箍加工（金属材料加工）

注意：长度计算时，以中间层的尺寸为准。

$$l = 2l_1 + 2l_2 + 2l_3 + l_4$$

2. 填写表3-3（个人完成）。

表3-3 管箍加工

任务：管箍加工

序号	工作阶段/步骤	准备清单 机器/工具/辅助工具	操作规程/ 劳动安全	工作时间(分) 计划	实际
1	工件划线	划线针、角尺、刻度尺、钢直尺	使用后用软木来保护划线针		
2	锯断长度为177 mm	钢锯、台虎钳	将钢锯张紧，在切割部位旁夹紧扁钢		
3	在一侧以一定角度锉削并去毛刺				
4	在弯边处划线				
5	用台虎钳中的夹爪进行弯边				
6	通过一根芯棒弯曲成形				
7	通过夹爪在第2个边处弯曲成形				
8	把弯曲工件锉去100 mm尺寸并去毛刺				
9	在孔中心点处划线并冲眼				
10	钻孔				

3. 请小组按照工作计划进行管箍加工。

学生进行管箍加工，记录加工时间和加工中遇到的问题。

七、任务总结评价

1. 小组内自我检查，学生自我评估与总结。
2. 成果展示，小组间互相检查，小组评估与总结。
3. 教师评估与总结。

任务评价表见表 3-4。

表 3-4 管箍制作任务评价表

姓名		班级		学号		日期	
序号	检查项目			自我评价	小组评价	教师评价	备注
1	引导问题回答正确(5分/题)						
2	态度端正，工作认真(20分)						
3	管箍加工步骤正确规范(3分/项，共计30分)						
4	管箍尺寸准确性(10分)						
5	安全性评价(20分)						
	合计						
	总分						

4. 各小组对工作岗位进行"6S"管理。

（1）在小组完成工作任务以后，各小组必须对自己的工作岗位进行"整理、整顿、清扫、清洁、安全、素养"管理。

（2）归还所借的工量具和实训工件。

八、评估谈话

1. 你在本次任务中的角色是什么？你对自己的工作满意吗？有改进之处吗？
2. 本任务中采用了哪些安全防护措施？
3. 你认为本任务的难点是什么？你是如何解决的？

项目三　管箍加工（金属材料加工）

项目四
管子管件领用（游标卡尺使用）

一、任务描述

请你所在小组（3人/组）用游标卡尺测量材料表中三种不同的标准管件尺寸。小组讨论确定不同管件的测量参数，小组成员分别测量，并计算出平均值，将测量尺寸的平均值与标准尺寸比较，确认管件领用是否正确。

二、能力目标

1. 能根据材料清单找出对应的管件实物。
2. 能准确确定管件尺寸的表示参数。
3. 会用游标卡尺测量管件尺寸大小。
4. 会准确读取游标卡尺测量数值，并正确记录。

三、主导问题

1. 你认识哪些管配件？说出管件名称。
2. 管件尺寸大小有哪几种表达方式？
3. 游标卡尺结构名称及作用是什么？
4. 游标卡尺如何测量使用？测量数据如何正确读取？

四、任务计划

填写表4-1（个人完成）。

表4-1 任务计划表

任务：管件尺寸测量-游标卡尺的使用					
序号	工作阶段/步骤	准备清单 机器/工具/辅助工具	操作规程/ 劳动安全	工作时间（分）	
				计划	实际
1	选取标准管件（3件）				
2	领取游标卡尺1把				
3	测量与记录				
4	计算平均值				
5	标准件尺寸查询				
6	对比分析				
7	管件归还整理				
8	游标卡尺归还整理				

项目四 管子管件领用(游标卡尺使用)

五、任务准备

1. 安全确认。

本任务安全须知

(1) 游标卡尺需轻拿轻放,不得碰撞或者跌落地面,不得测量粗糙的物体,以免损坏量爪。

(2) 游标卡尺的卡爪比较尖锐,使用时当心刺伤、刮伤、划伤,若受到伤害请及时到就近急救处进行止血包扎处理。

(3) 游标卡尺使用完毕后,请收拾至游标卡尺专用工具盒内,工具盒整齐放置于干燥处防止锈蚀。

我已经知晓本任务及安全须知,将严格遵守并进行操作。

签字人:＿＿＿＿＿＿

时间:＿＿＿＿＿＿

2. 设备、工具的准备,填写表 4-2。

表 4-2 设备、工具的准备

作业单号:＿＿＿＿＿＿   领料部门:＿＿＿＿＿＿   年   月   日

序号	名称	数量	规格	单位	借出时间	借用人签名	归还时间	归还人签名	管理员签名	备注

3. 个人防护穿戴。

执行该工作任务,需要穿戴的个人防护用品有:＿＿＿＿＿＿

＿＿＿＿＿＿＿＿＿＿＿＿＿＿＿＿＿＿＿＿＿＿＿＿＿＿＿＿

六、任务实施

1. 小组分工,填写表 4-3。

表 4-3 小组分工

小组信息	班级名称			日期	
	小组名称			组长姓名	
	岗位分工	测量员1	测量员2	测量员3	记录员
	成员姓名				

2. 小组讨论,确定不同管件的测量参数。

3. 测量与记录,填写表 4-4。

班级：　　　　　　　　姓名：

表4-4　管件测量记录表

管件名称（公称直径）	测量参数	测得值1	测得值2	测得值3	平均值	查询值	误差
管件1							
管件2							
管件3							

4．学生/小组自我评估与反思。

5．"6S"管理。

（1）小组在任务过程中保证现场工具放置有序，工作台面清洁、整齐。

（2）完成工作任务以后，各小组必须对自己的工作岗位进行"整理、整顿、清扫、清洁、安全、素养"管理，归还所借的工量具和实训工件。

七、任务总结评价

1．自我评估与总结。

2．小组评估与总结。

3. 教师评估与总结。

填写表 4-5 和表 4-6。

表 4-5 管件尺寸测量（游标卡尺使用）任务评价表

姓名		班级		学号		日期	
序号	检查项目		自我评价	小组评价	教师评价	备注	
1	引导问题回答正确(20 分)						
2	态度端正,工作认真(20 分)						
3	测量值与标准值偏差大小(30 分)						
4	记录表无漏项错误(20 分)						
5	任务活动参与度(10 分)						
	合计						
	总分						

表 4-6 操作评价表

评价要素	细目	分值	评价记录
安全防护与准备	PPE 选用正确	5	
	PPE 穿戴规范	3	
	安全须知的阅读与确认	2	
工作计划制订	全面性	15	
	合理性	15	
工作过程	选用工具正确	5	
	操作过程合理规范	10	
	操作熟练	10	
	无不安全、不文明操作	5	
测量记录表填写	准确性	5	
	规范性	5	
现场整理	地面无水渍	5	
	工具摆放整齐	5	
专业谈话	准确性	5	
	清晰度	5	

八、评估谈话

1. 说出你所在小组测量管件的名称。
2. 你所用的游标卡尺是多少分度？它的最小刻度是多少？
3. 你对自己的测量结果满意吗？若不满意,有何改进之处？
4. 说说你的收获和感想。

项目五
阀门及其他配件领用

一、任务描述

请你所在小组（3人/组）完成下列材料表（表5-1）中9件阀门及其他配件的领取，数量各1个；记录其铭牌信息，确认规格及技术参数与材料表要求相符；初步确认其完好性；最后按照安装是否具有方向性分类存放至指定位置。

表5-1　材料表

序号	名称	规格、主要参数或技术要求	单位	数量
1	手动球阀	手动球阀,DN40,PN1.6,304不锈钢,浮动球直通式,端部法兰连接,RF密封面,带操作手柄,GB/T 12237—2021	个	1
2	闸阀	手动闸阀,楔形闸板,DN40,PN1.6,304不锈钢,端部法兰连接,RF密封面,GB/T 12224—2015	个	1
3	截止阀	手动截止阀,直通式,DN40,PN1.6,304不锈钢,端部法兰连接,RF密封面,GB/T 12233—2006	个	1
4	止回阀	止回阀,DN40,PN1.6,旋启式,304不锈钢,端部法兰连接,RF密封面,GB/T 12233—2006	个	1
5	安全阀	弹簧全启式安全阀,端部法兰连接,入口DN15,出口DN20,PN1.6,RF密封面,起跳压力和泄放流量或喉径设计计算确定,304不锈钢,GB/T 12241—2021,GB/T 12243—2021	个	1
6	过滤器	安装于水平管路过滤器,管路DN40,最高压力PN16,304不锈钢材质,流经介质:水,要求端部法兰连接,RF密封面	个	1
7	转子流量计	安装于垂直管路流量计,用于现场显示,管路DN25,最高压力PN16,304不锈钢材质,流经介质:水,流量测量范围0～8 m³/h,要求指针式、双型液晶显示,端部法兰连接,允许误差范围±1.2%	个	1
8	压力表	测量离心泵出口压力,离心泵出口DN25,出口最大压力0.3 MPa,法兰连接,准确度等级1.6级,流经介质:水	个	1
9	真空表	测量离心泵入口压力,管路接口为内螺纹NPT1/2,离心泵入口压力−0.4 MPa,准确度等级1.6级,304不锈钢,表盘直径100 mm,带密封垫	个	1

二、能力目标

1. 能识读阀门铭牌含义。
2. 能从外观识别不同阀门、仪表，能正确说出其名称。
3. 会根据技术要求确认阀门和其他配件型号类别。
4. 会判别阀门和仪表的完好性。
5. 通过小组对阀门等的核实领用，培养团队合作以及精益求精的职业精神。

三、主导问题

1. 你认识哪些阀门、仪表？说出它们的名称。
2. 阀门铭牌由哪几部分组成，分别代表什么含义？
3. 转子流量计和压力表的结构特点是什么？
4. 哪些阀门和仪表设备安装时具有方向性要求？

四、任务计划

1. 参考对应教材操作指导，在选定的操作方法后打"√"。

方法一：按照技术主要参数项目，逐一核实信息。□

方法二：根据技术参数写出阀门铭牌代号对比。□

2. 请写出领用工作计划。

第一：_____

第二：_____

第三：_____

第四：_____

第五：_____

五、任务准备

1. 安全确认

本任务安全须知

（1）操作前穿戴好个人防护用品，防止阀门等金属制品掉落砸伤人体。

（2）阀门及仪表等领用拿取时需轻拿轻放，避免碰撞、撞击造成磨损和破坏。

（3）防止仪器仪表等表盘玻璃破碎，导致刮伤、划伤人体，若受到伤害请及时到就近急救处进行止血包扎处理。

（4）实物严禁随意放置在地面上，防止自己或他人绊倒，同时避免损坏地面。

（5）管件需分类工整摆放，做到现场 6S 管理。

我已经知晓本任务及安全须知，将严格遵守并进行操作。

签字人：_____

时间：_____

2. 设备、工具的准备，填写表 5-2。

表 5-2 设备、工具的准备

作业单号：_____ 领料部门：_____ 年 月 日

序号	名称	数量	规格	单位	借出时间	借用人签名	归还时间	归还人签名	管理员签名	备注

班级：　　　　　　　姓名：

3. 人员分工，填写表5-3。

表5-3　人员分工

小组信息	班级名称		日期	
	小组名称		组长姓名	
	岗位分工			
	成员姓名			

4. 个人防护穿戴。

执行该工作任务，需要穿戴的个人防护用品有：

_____

六、任务实施

1. 小组成员分别领取实物。
2. 实物信息记录与核实，填写表5-4。

表5-4　实物信息记录表

管件名称	信息内容

3. 学生/小组内部信息核实检查与纠正。
4. 实物完好性检查，按照有无方向性分类记录，填写表5-5。

表5-5　分类记录表

有方向性阀门管件名称	无方向性阀门管件名称

5. "6S"管理。

（1）小组在任务过程中保证现场工具放置有序，工作台面清洁、整齐。

（2）完成工作任务以后，各小组必须对自己的工作岗位进行"整理、整顿、清扫、清洁、安全、素养"管理，归还所借的工量具和实训工件。

七、任务总结评价

1. 自我评估与总结。

2. 小组评估与总结。
3. 教师评估总结。
填写表 5-6 和表 5-7。

表 5-6　阀门及其他配件领用任务评价表

姓名		班级		学号		日期	
序号	检查项目		自我评价	小组评价	教师评价	备注	
1	引导问题回答正确(20分)						
2	态度端正,工作认真(20分)						
3	实物识别正确(30)						
4	实物方向性判断正确(20分)						
5	任务活动参与度(10分)						
	合计						
	总分						

表 5-7　操作评价表

评价要素	细目	分值	评价记录
安全防护与准备	PPE选用正确	5	
	PPE穿戴规范	3	
	安全须知的阅读与确认	2	
工作计划制订	全面性	15	
	合理性	15	
工作过程	选用工具正确	5	
	任务过程积极参与	10	
	团结合作	10	
	无不安全、不文明操作	5	
记录表填写	准确性	5	
	规范性	5	
现场整理	地面无零件	5	
	工具摆放整齐	5	
专业谈话	准确性	5	
	清晰度	5	

八、评估谈话

1. 说出你在任务中识别的实物名称。
2. 你对自己的工作表现满意吗？若不满意,有何改进之处？
3. 有方向性的阀门有哪些？
4. 说说你在本次操作中的收获和感想。

项目六
管道及阀门安装（法兰连接）

一、任务描述

某化工装置技改项目需要对管子和阀门进行安装，按照施工图管路轴测图要求，需采用法兰连接的方式进行连接。目前固定支架和主要设备离心泵已经固定就位，小王作为施工负责人，需要按照法兰连接相关技术标准和要求对管子和阀门管件等进行装配，并初步检查，保证管路整体位置正，阀门及管件方向正确。

二、能力目标

1. 具备制定工作目标并按计划执行的能力。
2. 能正确识别管路、阀门安装过程中的风险。
3. 能规范使用法兰装配的相关工具，熟练进行法兰连接操作。
4. 通过管路连接操作养成认真严谨的态度和吃苦耐劳的精神。
5. 能小组协作共同完成任务，培养团队协作的能力和集体主义观念。

三、主导问题

1. 在法兰连接中，法兰盘与管子的连接方式有哪些？各自的适用条件是什么？
2. 法兰连接的优缺点分别是什么？

四、任务计划

1. 为了管子、阀门安装的顺利进行，在对法兰进行装配前要认真核对图纸、压力等级、规格、材质等是否符合设计的规定，必须把法兰表面尤其是密封面清理干净，需要完成以下检查内容。

第一：_____
第二：_____
第三：_____
第四：_____
第五：_____

2. 根据本任务的情境，分析法兰装配过程中的危险因素，提出防护措施，填写表 6-1。

表 6-1 危险因素及防护措施

序号	危险因素	危害后果	防护措施

续表

序号	危险因素	危害后果	防护措施

3. 管道及阀门安装方案设计，见表 6-2。

表 6-2　管道及阀门安装实施方案

步骤	工作内容
信息与导入	读任务书、图纸，分析工作任务，明确工作目标；熟悉或回顾相关知识和标准规范；收集与工作任务相关的信息；操作人员分组并分工，明确责任
计划	根据任务书制订工作计划，主要是法兰装配的工作计划。通过小组讨论，在工作步骤、工具与辅助材料、时间、安全风险评估、安装质量等方面提出小组实施方案，并考虑评价标准
决策	汇报实施方案，认清各个解决方案的优缺点，完善工作计划，确定最终的实施方案
实施	自主执行工作计划，分工进行法兰装配的各项工作。包括选择工具，列材料、工具需求清单，计算材料费用，领取工具，按照法兰装配工作计划实施，记录时间点和实施过程中的问题，根据实际情况对工作计划做必要调整
检查	安装完成后，自主按照标准对工作成果进行检查，记录自检结果
评估与优化	说明工作中的满意之处和不足之处，对出现的故障和错误进行分析，对过程和结果进行评价，提出优化方案，写出评价报告

五、任务准备

1. 任务确认。

本任务安全须知

（1）个人防护用品需检查后进行穿戴，如安全帽、防护手套等。

（2）工具（如扳手、螺丝刀）使用前检查规格是否符合要求，切忌蛮力使用。

（3）安装管子前，须确认管子的材质和规格是否符合要求；安装阀门前，务必检查阀座密封面是否完好无泄漏。

（4）法兰连接时应注意避免手部划伤以及预防高处坠物。

（5）操作电气设备时，注意绝缘防护，避免接触带电部位。

（6）现场地面液体及时清理，防止滑倒。

我已经知晓本任务及安全须知，将严格遵守并进行操作。

签字人：＿＿＿＿＿＿＿＿

时间：＿＿＿＿＿＿＿＿

2. 设备、工具的准备，填写表 6-3。

班级：　　　　　　　姓名：

表 6-3　设备、工具的准备

作业单号：　　　　　　领料部门：　　　　　　　　　　　年　　月　　日

序号	名称	数量	规格	单位	借出时间	借用人签名	归还时间	归还人签名	管理员签名	备注
1	梅花扳手									
2	活动扳手									
3	固定扳手									
4	固定扳手									
5	一字螺丝刀									
6	管钳									
7	管撬									
8	皮锤									
9	管法兰									
10	截止阀									
11	截止阀									
12	截止阀									
13	石棉板 O 型密封垫									
14	橡胶 O 型密封圈									
15	石棉板 O 型密封垫									
16	橡胶密封垫									
17	镊子									
18	手套									

3. 人员分工，填写表 6-4。

表 6-4　人员分工

序号	岗位	职责	人员

4. 个人防护穿戴。

执行该工作任务，需要穿戴的个人防护用品有：

六、任务实施

1. 装配工作流程记录填至表 6-5 中。

表 6-5 管道及阀门安装工作流程表

序号	重要工作步骤	必要的工具或材料

2. 异常情况分析及处理方法填至表 6-6 中。

表 6-6 异常情况分析及处理方法

序号	异常现象	异常原因	处理方法

3. 法兰装配检查记录，填写表 6-7。

表 6-7 法兰装配记录表

项目名称					
管段编号		管段级别		管段材质	
检查项目		允许偏差/mm	检查结果/mm	检查结论	
管段长度偏差	自由管段	±10			
	封闭管段	±1.5			
法兰面与管子中心线垂直度	DN<100	0.5			
	100≤DN≤300	1.0			
	DN>300	2.0			
法兰螺栓孔对称水平度		±1.6			

焊口编号	对口平直度	对口错边量	组对间隙	坡口角度	检查结论	备注
1						
2						
3						
4						

续表

焊口编号	对口平直度	对口错边量	组对间隙	坡口角度	检查结论	备注
5						
6						
7						
8						
9						
10						
11						
12						
13						
14						
15						
16						
17						
18						
19						
20						
21						
22						
23						
管　　工			日　期			
检 验 员			日　期			
检验责任人			日　期			

4. 管道安装质量检查，填写表6-8。

表6-8　管道安装质量检查记录表

工程名称：

编号	管线编号	管子材质	管子规格	法兰连接		最大安装偏差				
				压力等级	垫片类型	坐标	标高	平直度	铅垂度	坡度

质量检验员：　　　　　　　　　　　　年　月　日　　施工人员：　　　　　　　　年　月　日

七、任务总结评价

1. 自我评估与总结。
2. 小组评估与总结。

填写表 6-9。

表 6-9 法兰连接（管子、阀）评分表

工位号：_____ 用时：_____ 成绩：_____

项目	考核内容	备注	分值	扣分
管子和安装前的准备(10分)	领料单填写是否正确	填错、漏填1项扣0.5分，少领、多领每件扣0.5分	10	
管道安装(50分)	安装方向是否正确	组装步骤错1步扣1分，阀安装方向出错1处扣1分，密封处垫片安装错一处扣1分	6	
	各法兰连接处螺栓紧固的次序及方法是否正确	螺栓紧固次序不对，扣1分，紧固方法不对，扣2分	6	
	管道阀门非焊接连接时，阀门是否处于关闭状态，阀门密封面是否完好	每错1件减1分，未检查阀门密封面1处减1分，减完为止	6	
	每副法兰连接是否用同一规格螺栓，方向是否一致	每错1副法兰减1分，减完为止	4	
	螺栓加垫圈不超过一个，垫圈位置、法兰垫片是否装错	每错1处减1分，减完为止	6	
	管子和阀门安装，不许用铁质工具敲击	每敲击一次减1分，减完为止	4	
	法兰安装是否平行、偏心	不平行、偏心1处减1分，减完为止	4	
	螺栓方向是否合理	每副法兰盘螺栓方向不合理减1分，减完为止	5	
	装配的顺序是否正确	顺序错误，扣2分	4	
	管道安装质量检查记录表填写是否完整准确	有1项填错或漏填扣1分(备注部分可不填)	5	
安装完成及现场清理(4分)	安装完成后，是否对照清单完好归还和放好设备部件、管件、工具等	遗留、损坏，每件扣1分，试压系统上的部件必须拆完	2	
	安装完成后是否清扫整理现场恢复原样	清扫不干净或整理不整洁扣2分，必须清理完后方可离开	2	
文明安全操作，若对设备或人身产生重大安全隐患的，该项分扣除(6分)	整个安装过程中选手穿戴是否规范	穿戴不规范扣2分	2	
	是否有撞头、伤害到别人或自己、物件掉地等不安全操作	螺栓、螺母、垫片掉地扣0.5分/次，其他情况每次1分	4	
操作质量及时间(30分)	法兰安装的合理性	工具摆放、团队配合、密封面清洁等，每项1分	10	
	总时间 t	$t \leqslant 50$ min	20	20
		50 min $< t \leqslant 55$ min	16	
		55 min $< t \leqslant 60$ min	12	
		60 min $< t \leqslant 70$ min	8	
		70 min $< t \leqslant 80$ min	4	
		$t > 80$ min	0	

班级：　　　　　　　　姓名：

3. 教师评估与总结，填写表6-10。

表6-10　操作评价表

评价要素	细目	分值	评价记录
安全防护与准备	PPE选用正确	5	
	PPE穿戴规范	3	
	安全须知的阅读与确认	2	
工作计划制订	全面性	15	
	合理性	15	
工作过程	选用工具正确	5	
	操作过程合理规范	10	
	操作熟练	10	
	无不安全、不文明操作	5	
安装检查	准确性	5	
	规范性	5	
现场整理	地面无零件	5	
	工具摆放整齐	5	
小组合作	分工明确	5	
	配合默契	5	
专业谈话	准确性	5	
	清晰度	5	

4. 各小组对工作岗位进行"6S"管理。

（1）在小组完成工作任务以后，各小组必须对自己的工作岗位进行"整理、整顿、清扫、清洁、安全、素养"管理；

（2）归还所借的工量具和实训工件。

八、评估谈话

1. 法兰装配的技术要点是什么？
2. 本任务中采用哪些安全措施？
3. 你认为本任务的难点是什么？你是如何解决的？

项目六　管道及阀门安装（法兰连接）

课堂笔记

项目七
压力表安装（螺纹连接）

一、任务描述

根据施工图纸进行管路安装，已完成基础管线与阀门等连接，现进入现场仪表安装阶段。请你完成现场压力表 PI204（PI204 稳定压力 0.3 MPa，最大绝对误差不能超过 ±0.03 kPa）的安装。

二、能力目标

1. 具备制定工作目标并按计划执行的能力。
2. 能小组协作共同完成任务。
3. 能正确识别检修中的风险。
4. 能规范使用生料带与其他工具。
5. 能制定并执行更换压力表方案。

三、主导问题

1. 根据要求，确定 PI204 压力表的量程与准确度等级。
   _____
   _____
   _____

2. 螺纹应用在哪些场合？（至少列举五种）
   _____

3. 生料带使用的操作步骤是：
   _____
   _____

四、任务计划

1. 为了确保压力表安装正常进行，制订操作计划。
   第一步：_____
   第二步：_____
   第三步：_____
   第四步：_____
   第五步：_____

2. 根据操作计划，列出所选设备、工具、耗材等，填至表 7-1 中。

项目七　压力表安装（螺纹连接）

表 7-1　所需材料、设备

序号	物品名称	数量	作用

五、任务准备

1. 任务确认。

本任务安全须知

（1）个人防护用品需检查后进行穿戴，如安全帽、防护手套等。

（2）工具（如扳手、管钳）使用前检查规格是否符合要求，切忌蛮力使用。

（3）安装压力表时，手不能按压压力表盘面，防止压力表盘面损坏引起手部受伤。

（4）安装操作过程中严禁奔跑、打闹，严禁抛扔零件或工具。

（5）生料带缠绕层数不宜过多，避免造成耗材浪费。

（6）现场地面散落的生料带等杂物需要及时捡起来，始终保证操作过程中的6S管理。

我已经知晓本任务及安全须知，将严格遵守并进行操作。

签字人：＿＿＿＿＿＿

时间：＿＿＿＿＿＿

2. 设备、工具的准备，填写表7-2。

表 7-2　设备、工具的准备

作业单号：　　　　领料部门：　　　　　　　　　年　　月　　日

序号	名称	数量	规格	单位	借出时间	借用人签名	归还时间	归还人签名	管理员签名	备注

3. 个人防护穿戴。

执行该工作任务，需要穿戴的个人防护用品有：

＿＿＿＿＿＿＿＿＿＿＿＿＿＿＿＿＿＿＿＿＿＿＿＿＿＿＿＿＿＿＿

六、任务实施

1. 压力表安装记录，填写表7-3。

班级：　　　　　　　　姓名：

表 7-3 压力表安装记录表

压力表安装记录表			
试验编号		项目编号	共　　页第　　页
项目名称			
作业内容			
安装图纸：			
压力表型号：		压力表精度：	
压力表量程：		压力表校验日期：	
外观是否完好：		压力表铅封是否完好：	
作业过程			
(1)确保管道内、取压管道内没有物料		完成□	
(2)确保压力表切断阀关闭		完成□	
(3)确保正确缠绕生料带		完成□	
(4)正确安装压力表		完成□	
压力表测试记录表			
压力值	压力表数值		绝对误差
验收签字			
操作员		日期	

2. 操作异常记录与分析。

七、任务总结评价

1. 学生/小组自我评估与总结，填写表 7-4。

项目七 压力表安装(螺纹连接)

表7-4 《压力表安装》任务评价表

小组： 得分：

(一)文明安全

序号	操作内容	分值	情况记录
1	个人防护,穿戴正确(10分)		
2	分工明确,团队合作(10分)		
3	安全意识,现场整洁(10分)		

(二)选择压力表

序号	操作内容	分值	情况记录
1	正确选择压力表精度、量程(5分)		
2	确认压力表在鉴定周期内(5分)		

(三)排进物料、关闭阀门

序号	操作内容	分值	情况记录
1	取压管内物料排空(5分)		
2	关闭压力表切断阀(5分)		

(四)安装压力表

序号	操作内容	分值	情况记录
1	正确缠绕生料带(20分)		
2	正确安装压力表(20分)		

(五)安装检查

序号	操作内容	分值	情况记录
1	生料带平整贴合(5分)		
2	压力表朝向观察者(5分)		

2. 教师评估与总结,填写表7-5。

表7-5 操作评价表

评价要素	细目	分值	评价记录
安全防护与准备	PPE选用正确	5	
	PPE穿戴规范	3	
	安全须知的阅读与确认	2	
工作计划制订	全面性	15	
	合理性	15	
工作过程	选用工具正确	5	
	操作过程合理规范	10	
	操作熟练	10	
	无不安全、不文明操作	5	
作业许可证的填写	准确性	5	
	规范性	5	

续表

评价要素	细目	分值	评价记录
现场整理	地面无零件	5	
	工具摆放整齐	5	
专业谈话	准确性	5	
	清晰度	5	

3. 各小组对工作岗位进行"6S"管理。

（1）在小组完成工作任务以后，各小组必须对自己的工作岗位进行"整理、整顿、清扫、清洁、安全、素养"管理；

（2）归还所借的工量具和实训工件。

八、评估谈话

1. 生料带的作用是什么？

2. 生产中在哪些情况下需要更换压力表？

3. 对于一些特殊情况（氧气压力测量、压缩机周围、腐蚀性介质）等，需要采取怎样的措施？

4. 你认为本任务的难点是什么？你是如何解决的？

项目七　压力表安装（螺纹连接）

课堂笔记

项目八 水压试验

一、任务描述

已知新安装的管路系统（如图 8-1 所示）为水循环系统，设计压力为 0.4 MPa，设计温度为 20 ℃，系统内装有安全阀，压力表、温度计、流量表等仪表。请你所在工作小组按照作业规范完成对该管路系统的水压严密性试验操作。

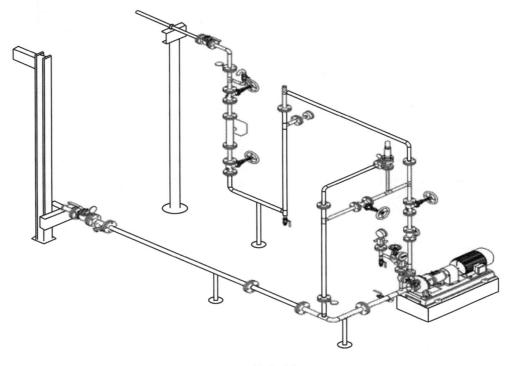

图 8-1 管路系统

二、能力目标

1. 具备制定工作目标并按计划执行的能力。
2. 能小组协作共同完成任务。
3. 能正确识别检修中的风险。
4. 能规范使用水压试验相关工具。
5. 能制定并执行水压试验测试方案。

三、主导问题

1. 化工生产中常见的压力试验的方法有几种？各自的使用条件是什么？

项目八 水压试验

2. 水压严密性试验压力与设计压力的关系是什么？

四、任务计划

1. 为了确保水压试验测试的顺利进行，试验前应对被测管道进行预先检查，需要完成以下检查内容：

第一：_____

第二：_____

第三：_____

第四：_____

第五：_____

2. 根据本任务的情境，分析试验存在的危险因素，提出防护措施，填写表8-1。

表 8-1 危险因素与防护措施

序号	危险因素	危害后果	防护措施

3. 现认定管道压力实验前的交验工作已完成并合格，制订安全操作方案。

五、任务准备

1. 任务确认。

本任务安全须知

（1）个人防护用品需检查后进行穿戴，如安全帽、防护手套等。

（2）工具（如F扳手）使用前检查有无破损，切忌蛮力使用。

（3）注意气压和液压释放的预防。

（4）管道连接时注意避免手部划伤。

（5）操作电气设备时，注意绝缘防护，避免接触带电部位。

班级：　　　　　　　姓名：

（6）现场地面液体及时清理，防止滑倒。

我已经知晓本任务及安全须知，将严格遵守并进行操作。

签字人：＿＿＿＿＿＿

时间：＿＿＿＿＿＿

2. 设备、工具的准备，填写表8-2。

表8-2　设备、工具的准备

作业单号：　　　　　领料部门：　　　　　　　　　　　年　月　日

序号	名称	数量	规格	单位	借出时间	借用人签名	归还时间	归还人签名	管理员签名	备注

3. 人员分工，填写表8-3。

表8-3　人员分工

序号	岗位	职责	人员

4. 个人防护穿戴。

执行该工作任务，需要穿戴的个人防护用品有：
＿＿＿＿＿＿＿＿＿＿＿＿＿＿＿＿＿＿＿＿＿＿＿＿＿＿＿＿＿＿＿＿

5. 应急预案，填写表8-4。

表8-4　应急预案

应急救援小组构成		组长	
		副组长	
可能发生的事故	☐ 人员伤害	应急措施	
		应急物资及存放点	
	☐ 设备及仪表损坏	应急措施	
		应急物资及存放点	
	☐ 环境危害	应急措施	
		应急物资及存放点	
应急救援电话			
安全疏散线路			

项目八 水压试验

六、任务实施

1. 填写压力试验记录表（表8-5）。

表8-5 压力试验记录表

压力试验记录表				
试验编号		项目编号		共　　页第　　页
项目名称				
试验数据				
管道系统简述（附图,指出试验边界）				
设计温度			设计压力	
试验方法： 　液压　　气压				
试验用流体			适用规范	
试验要求				
要求的试验压力			试验流体温度	
要求的保压时间			环境温度	
表压计算				
压力表与管道高点之间的高度差：				
换算系数				
要求的试验压力				
要求的表压				
试验结果				
试验日期	开始时间		AM	PM
	终试时间		AM	PM
实际表压				
试验设备				
型号	范围		校准日期	到期日期
备注				
验收签字				
检查员			日期	
检验师			日期	

2. 检验报告见表8-6。

表 8-6 检验报告

检查项目	压力试验			设备名称	
	□水压	□气压	□气密性		
试验部位			设备位号		
试验压力/MPa			压力表量程/MPa		
试验介质			压力表精度等级		
氯离子含量 Cl⁻/(mg/L)			保压时间/min		

试验曲线

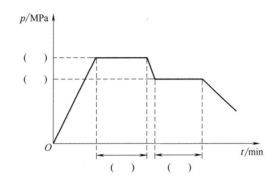

泄漏部位		备注:	
异常变形部位			
异常响声			
试验结果			
工位号		日期	

3. 异常情况分析及处理方法填至表 8-7。

表 8-7 异常情况分析及处理方法

序号	异常现象	异常原因	处理方法

七、任务总结评价

1. 自我评估与总结。
2. 小组评估与总结。

填写表 8-8。

项目八 水压试验

表 8-8 水压试验测试评分表

工位号：_____ 用时：_____ 成绩：_____

项目	考核内容	备注	分值	扣分
组装及试压前的准备(10 分)	领料单填写是否正确	填错、漏填 1 项扣 0.5 分，少领、多领每件扣 0.5 分	10	
管道试压(50 分)	管道试压部件组装是否正确	组装步骤错 1 步扣 1 分，密封处垫片安装错 1 处扣 1 分	6	
	各法兰连接处螺栓紧固的次序及方法是否正确	螺栓紧固次序不对，扣 1 分，紧固方法不对，扣 2 分	6	
	试压用管件、阀门、仪表有无装错	试压部件每装错 1 处，扣 1 分	6	
	试压前有无排气，各检验部位是否擦拭干净	错 1 项或漏 1 项，扣 1 分	4	
	试验压力下对设备进行的操作是否正确	未做到缓慢升压扣 2 分，试验压力操作有误扣 1 分，合格压力范围 1.2～1.3 MPa	6	
	排水盲板、试压改造盲板安装是否到位	各连接件连接不紧造成泄漏，每 1 处扣 1 分，法兰安装紧固方法不对，扣 2 分	4	
	设计压力下对设备进行检验是否正确	未降压或降压操作有误扣 3 分，合格压力范围 0.95～1.05 MPa，保压过程中未观察或观察不合理扣 1 分	4	
	试压是否有泄漏，若有泄漏，重新试压过程是否正确	有漏点未返修扣 2 分，带压返修扣 1 分，试压不合格扣 2 分	5	
	泄压及试压设备的拆除是否正确	未缓慢泄压，扣 4 分	4	
	压力检验报告填写是否完整准确	有 1 项填错或漏填扣 1 分（备注部分可不填）	5	
拆除及现场清理(4 分)	拆除后，是否对照清单完好归还和放好设备部件、仪表、管件、工具等	遗留、损坏，每件扣 1 分，试压系统上的部件必须拆完	2	
	拆除结束后是否清扫整理现场恢复原样	清扫不干净或整理不整洁扣 2 分，必须清理完后方可离开	2	
文明安全操作，若对设备或人身产生重大安全隐患的，该项分扣除(6 分)	整个试压、装拆过程中人员穿戴是否规范	穿戴不规范扣 2 分	2	
	是否有撞头、伤害到别人或自己、物件掉地等不安全操作	螺栓、螺母、垫片掉地扣 0.5 分/次，其他情况每次扣 1 分	4	
操作质量及时间(30 分)	拆装、试压过程的合理性	工具摆放、团队配合、密封面清洁等，每项扣 1 分	10	
	总时间 T	$T \leqslant 90$ min	20	20
		90 min$< T \leqslant 95$ min	16	
		95 min$< T \leqslant 100$ min	12	
		100 min$< T \leqslant 110$ min	8	
		110 min$< T \leqslant 120$ min	4	
		$T >120$ min	0	

3. 教师评估与总结，填写表8-9。

表8-9 操作评价表

评价要素	细目	分值	评价记录
安全防护与准备	PPE选用正确	5	
	PPE穿戴规范	3	
	安全须知的阅读与确认	2	
工作计划制订	全面性	10	
	合理性	10	
工作过程	选用工具正确	5	
	操作过程合理规范	10	
	操作熟练	10	
	无不安全、不文明操作	5	
作业许可证的填写	准确性	5	
	规范性	5	
现场整理	地面无水渍	5	
	工具摆放整齐	5	
小组合作	分工明确	5	
	配合默契	5	
专业谈话	准确性	5	
	清晰度	5	

4. 各小组对工作岗位进行"6S"管理。

（1）在小组完成工作任务以后，各小组必须对自己的工作岗位进行"整理、整顿、清扫、清洁、安全、素养"管理。

（2）归还所借的工量具和实训工件。

八、评估谈话

1. 管路使用前为什么要进行水压试验？
2. 本任务中采用了哪些安全措施？
3. 你认为本任务的难点是什么？你是如何解决的？

项目八 水压试验

课堂笔记

项目九
气密性试验

一、任务描述

已知水循环管路系统法兰连接 A 处发生泄漏，如图 9-1 所示，已进行了局部管路隔离和法兰密封件更换工作。安装调试过程中有 4 处法兰进行了操作作业，在恢复管路之前，需要对被操作管路进行气密性试验，以保证安装无泄漏，满足管道输送要求。

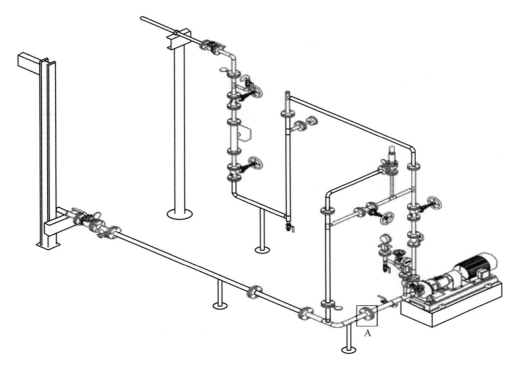

图 9-1　水循环管路系统

二、能力目标

1. 具备制定工作目标并按计划执行的能力。
2. 能小组协作共同完成任务。
3. 能正确认识到气密性试验中的危险因素。
4. 能规范使用调节工具。
5. 能制定并执行气密性试验方案。

三、主导问题

1. 气密性试验中测试气源的压力怎么确定？

项目九 气密性试验

2. 空气压缩机如何正确启动？
3. 气密性试验过程中可能会发生的意外事故有哪些？
4. 气密性试验检测试剂是什么？

四、任务计划

1. 根据本任务的情境，分析检修存在的危险因素，提出防护措施，填写表 9-1。

表 9-1 危险因素及防护措施

序号	危险因素	危害后果	防护措施

2. 根据装置流程，为了避免危险的发生，应按如下步骤完成气密性试验。

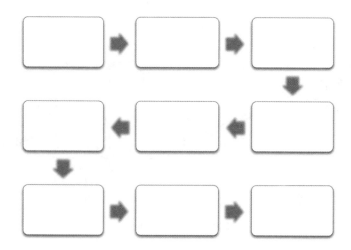

五、任务准备

1. 任务确认。

本任务安全须知

（1）个人防护用品需检查后进行穿戴，如安全帽、防护手套等。
（2）操作员工需熟悉试验系统和操作步骤。
（3）操作工要充分认识试验介质的危险性。
（4）试验区域必须警示和隔离，防止无关人员进入。
（5）操作电气设备时，注意绝缘防护，避免接触带电部位。

班级： 姓名：

（6）现场地面液体及时清理，防止滑倒。

我已经知晓本任务及安全须知，将严格遵守并进行操作。

签字人：_____

时间：_____

2. 设备、工具的准备，填写表9-2。

表9-2 设备、工具的准备

作业单号： 领料部门： 年 月 日

序号	名称	数量	规格	单位	借出时间	借用人签名	归还时间	归还人签名	管理员签名	备注

3. 人员分工，填写表9-3。

表9-3 人员分工

序号	岗位	职责	人员

4. 个人防护穿戴。

执行该工作任务，需要穿戴的个人防护用品有：

六、任务实施

1. 填写气密性试验记录表（表9-4）。

表9-4 气密性试验记录

部门： 年 月 日

设备名称		设备编号	
设备型号		设备材质	
设计压力		最高压力	
使用介质		环境温度	
试验气体		试验气体温度	

试验前检查：

续表

试验步骤			结果	备注
1	升至试验压力(p)的10%,即 MPa,保压3 min,检查有无异常情况		异常 □ 正常 □	
2	升至试验压力(p)的50%,即 MPa,保压10 min,检查有无异常情况		异常 □ 正常 □	
3	升至试验压力(p)的60%,即 MPa,保压3 min,检查有无异常情况		异常 □ 正常 □	
4	升至试验压力(p)的70%,即 MPa,保压3 min,检查有无异常情况		异常 □ 正常 □	
5	升至试验压力(p)的80%,即 MPa,保压3 min,检查有无异常情况		异常 □ 正常 □	
6	升至试验压力(p)的90%,即 MPa,保压3 min,检查有无异常情况		异常 □ 正常 □	
7	升至试验压力(p)即 MPa,保压3 min,检查有无异常情况		异常 □ 正常 □	

试验后检查:

试验结果:合格,准许投入使用 □　　　　　不合格,禁止投入使用 □

异常说明及建议:

　　　　　　　　　　　　　　　　　　　　　　　　　　　试验者:

日期:

2. 异常情况分析及处理方法填至表9-5中。

表9-5　异常情况分析及处理方法

序号	异常现象	异常原因	处理方法

七、任务总结评价

1. 自我评估与总结。
2. 小组评估与总结。

填写表9-6。

表9-6　《气密性试验》操作评价表

　　　　　　　　　　　　　　　　　　　　小组:　　　　　得分:

(一)文明安全

序号	操作内容	分值	情况记录
1	个人防护,穿戴正确(10分)		
2	分工明确,团队合作(5分)		
3	安全意识,现场整洁(5分)		

班级：　　　　　　　姓名：

续表

(二)断电断料、上锁挂牌

序号	操作内容	分值	情况记录
1	确认做气密性试验的管段处于封闭状态(5分)		
2	确认总电源关闭,管路电源关闭(5分)		
3	上锁挂牌(5分)		

(三)开启空压机,送气试压

序号	操作内容	分值	情况记录
1	启动空压机系统(10分)		
2	正确连接气压快速软管(5分)		
3	打开输气阀门,缓慢分级给管段加压至额定数值后观察压力表,并且记录数据(10分)		
4	稳压中途使用起泡剂进行检测(5分)		

(四)排气泄压、恢复盲板

序号	操作内容	分值	情况记录
1	气密性试验结束,打开管路中泄压阀门(5分)		
2	拆卸气压快速软管(5分)		
3	盲板恢复成通路状态(10分)		

(五)试验结束、恢复正常

序号	操作内容	分值	情况记录
1	测试结束,检查管路阀门、管件、仪表,调至正常待机状态(5分)		
2	现场恢复完全(10分)		

3. 教师评估与总结。填写表9-7。

表9-7　操作评价表

评价要素	细目	分值	评价记录
安全防护与准备	PPE选用正确	5	
	PPE穿戴规范	3	
	安全须知的阅读与确认	2	
工作计划制定	全面性	15	
	合理性	15	
工作过程	选用工具正确	5	
	操作过程合理规范	10	
	操作熟练	10	
	无不安全不文明操作	5	
现场整理	地面无水渍	5	
	工具摆放整齐	5	
小组合作	分工明确	5	
	配合默契	5	

续表

评价要素	细目	分值	评价记录
专业谈话	准确性	5	
	清晰度	5	

4. 各小组对工作岗位进行"6S"管理。

(1) 在小组完成工作任务以后,各小组必须对自己的工作岗位进行"整理、整顿、清扫、清洁、安全、素养"管理。

(2) 归还所借的工量具和实训工件。

八、评估谈话

1. 更换密封件后为什么要做气密性试验?
2. 本任务中气密性实验的检测剂是什么?
3. 你认为本任务的难点是什么?你是如何解决的?

项目十
离心泵拆装

一、任务描述

离心泵（见图 10-1、图 10-2）运行时间较长，内部积垢较多，请制订工作计划，按计划安全规范地对离心泵进行拆解、清洗、检查，使离心泵恢复到能够正常运行的状态。现需要对离心泵进行拆解，用正确的方法对各个零部件进行清洗并进行必要的检查与记录，清洗完成并检查无误后对离心泵进行组装，保证组装效果。

图 10-1 离心泵实物图

图 10-2 离心泵三维立体图

二、能力目标

1. 能进行离心泵拆装的风险评估，合理制订工作计划。
2. 能正确选择和使用拆装离心泵所用到的工具及材料。
3. 能按规程正确拆装离心泵并清洗零部件。
4. 能正确穿戴合适的 PPE，遵循"6S"现场管理要求，操作符合 HSE 管理规定。

三、主导问题

1. 说说离心泵的结构。
2. 说说离心泵密封的原理。密封效果取决于哪些方面？
3. 拆装离心泵需要哪些工具？拆卸前，需要做哪些准备工作？
4. 离心泵拆装步骤有哪些？泵体和泵壳拆解时为什么要先松开最下面的紧固件？
5. 零部件的清洗方法有哪些？

四、任务计划

1. 风险评估，观察离心泵，根据任务情境分析离心泵拆装及零部件清洗过程中可能存在的安全风险，提出防护措施，填写表 10-1。

表 10-1　危险因素及防护措施

序号	危险因素	危害后果	防护措施

2. 结合危险防护措施，制订工作计划流程表（表 10-2）。

表 10-2　工作计划流程表

序号	重要工作步骤	必要的工具或材料

五、任务准备

1. 任务确认。

本任务安全须知

（1）个人防护用品需检查后进行穿戴，如安全帽、防护手套等。

（2）操作员工需熟悉离心泵拆装的安全操作规程。

（3）操作员工拆装离心泵前要充分认识管路系统中的介质特性。

（4）操作前需要关闭设备，配电箱上锁挂牌，切断进料阀门，管路系统和离心泵泵壳中的剩余物料要排尽。

（5）操作过程中要达到"6S"管理要求，工具及零部件按规范摆放。

我已经知晓本任务及安全须知，将严格遵守并进行操作。

签字人：_____

时间：_____

2. 设备、工具的准备，填写表 10-3。

班级：　　　　　　姓名：

表 10-3　设备、工具的准备

作业单号：　　　　领料部门：　　　　　　　　　　　　年　月　日

序号	名称	规格型号	申领数量	单位	实发数量	归还数量	备注

借出时间：＿＿：＿＿　借用人签名：＿＿＿＿＿＿　管理员签名：＿＿＿＿＿＿
归还时间：＿＿：＿＿　归还人签名：＿＿＿＿＿＿　管理员签名：＿＿＿＿＿＿

3. 人员分工，填写表 10-4。

表 10-4　人员分工

小组信息	班级名称		日期	
	小组名称		组长姓名	
	岗位分工	发言人	观察员	记录员	技术员
	成员姓名				

提示：在操作开始前，应做好充分准备，观察员负责分析工作，记录员负责对相关问题进行记录，技术员负责操作。同时，要迅速、有效处理操作过程中出现的问题，并进行"6S"管理。

4. 个人防护穿戴。

执行该工作任务，需要穿戴的个人防护用品有：

六、任务实施

1. 工作记录。

应用流程图的形式将拆装离心泵和清洗零部件的操作方案画在下面的框格内，并对操作要点进行说明。

2. 问题反思。

(1) 列出图 10-3 填料密封离心泵中 9 个零部件的名称。

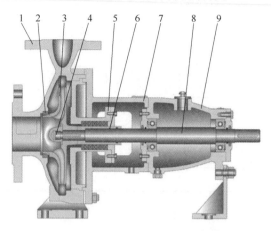

图 10-3　填料密封离心泵

(2) 写出图 10-4 机械密封装置中各个零部件的名称。

图 10-4　机械密封装置

(3) 在拆装离心泵并清洗零部件的过程中，小组成员们遇到了哪些问题？在本次任务的完成中，小组成员们是否各尽其职？

(4) 在泵体与轴拆解的过程中，如何操作才能确保受力均匀，避免轴发生变形？

班级： 姓名：

(5) 简要列出操作过程中与任务完成后，需要注意的相关事项。

_____

_____

_____

3. 各小组对工作岗位进行"6S"管理。

(1) 在小组完成工作任务以后，各小组必须对自己的工作岗位进行"整理、整顿、清扫、清洁、安全、素养"管理；

(2) 归还所借的工量具和实训工件。

七、任务总结评价

1. 自我评估与总结。
2. 小组评估与总结。填写表 10-5。

表 10-5 拆装离心泵任务评价表

姓名		班级		学号		日期	
序号	检查项目		自我评价		小组评价		备注
1	遵守安全操作规范(10 分)						
2	态度端正，工作认真(10 分)						
3	正确说出离心泵中各部件的名称及作用(10 分)						
4	正确说出使用的工具、器材的作用(10 分)						
5	正确地清洗离心泵零部件(10 分)						
6	正确规范地拆装离心泵(20 分)						
7	拆装过程中零部件、工具放置合理、规范(10 分)						
8	遵守 HSE 管理规定，积极协作(10 分)						
9	做好"6S"管理工作(10 分)						
	合计						
	总分						

3. 教师评估与总结。填写表 10-6。

表 10-6 操作评价表

评价要素	细目	分值	评价记录
安全防护与准备	PPE 选用正确	5	
	PPE 穿戴规范	3	
	安全须知的阅读与确认	2	
工作计划制订	全面性	15	
	合理性	15	

续表

评价要素	细目	分值	评价记录
工作过程	选用工具正确	5	
	操作过程合理规范	10	
	操作熟练	10	
	无不安全、不文明操作	5	
现场整理	地面无水渍	5	
	工具摆放整齐	5	
小组合作	分工明确	5	
	配合默契	5	
专业谈话	准确性	5	
	清晰度	5	

八、评估谈话

1. 描述离心泵拆卸步骤。

2. 使用填料密封离心泵时，为了加强填料函中填料的密封性，减少产生泄漏的机会，采用更换填料密封的方法，应遵循哪些要点？

3. 说说本次任务中你学到的新知识点，接触到的新工具、新构件，掌握的新技能。

4. 你对自己在本次任务中的整体表现是否满意？有哪些改进之处？

项目十一
离心泵的运行——离心泵开停车

一、任务描述

正在运行的脱 C_5 塔进料泵,输送介质为裂解汽油,由储罐将介质输送至脱 C_5 塔,操作条件为工作温度 43 ℃、入口压力 0.20 MPa、出口压力 0.38 MPa、流量为 850 m^3/h、转速 2950 r/min、轴功率 5.9 kW。副操巡检中发现该泵出现运行异常。请你班组在保证装置正常运行的前提下,将该故障泵停车待检修完成后开车。脱 C_5 塔进料泵运行示意图见图 11-1。

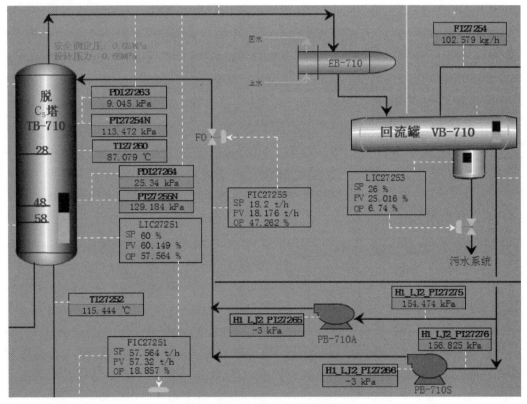

图 11-1 脱 C_5 塔进料泵运行示意图

二、能力目标

1. 能制定并执行离心泵开停车操作方案。
2. 能制定故障应急处理方案。
3. 具备组织协调能力,做好泵启动前的准备工作。
4. 具备 HSE 意识,操作过程及现场整理符合 HSE 要求。

三、主导问题

1. 将管路中的流体物料由低处输送至高处，可选择哪些输送方式？
_____
_____

2. 离心泵在开车前，需要做哪些准备工作？
_____
_____

3. 如果泵需要输送的实际介质相对密度比试运行介质的相对密度小，请问在泵试运行时，有哪些注意事项？
_____
_____

4. 高温泵停泵操作过程的注意事项有哪些？
_____
_____

四、任务计划

1. 为了确保离心泵的顺利开停，需要执行以下操作：

第一步：_____
第二步：_____
第三步：_____
第四步：_____

2. 根据本任务的情境，分析离心泵开停车可能存在的故障，提出处理措施，填写表 11-1。

表 11-1 故障及处理措施

序号	故障现象	原因分析	处理措施

3. 根据装置流程，为了顺利操作离心泵的开停车，应按以下步骤完成离心泵的开停车操作。

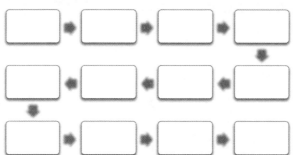

班级：　　　　　　　姓名：

五、任务准备

1. 任务确认。

本任务安全须知

（1）个人防护用品需检查后进行穿戴，如安全帽、防护手套等。
（2）操作电气设备时，注意绝缘防护，避免接触带电部位。
（3）出现高压系统漏、着火、抱轴及轴承烧坏要紧急停泵。
（4）现场地面液体及时清理，防止滑倒。

我已经知晓本任务及安全须知，将严格遵守并进行操作。

签字人：＿＿＿＿＿＿

时间：＿＿＿＿＿＿

2. 设备、工具的准备，填写表11-2。

表 11-2　设备、工具的准备

作业单号：　　　　领料部门：　　　　　　　　　　年　月　日

序号	名称	数量	规格	单位	借出时间	借用人签名	归还时间	归还人签名	管理员签名	备注

3. 人员分工，填写表11-3。

表 11-3　人员分工

序号	岗位	职责	人员

4. 个人防护穿戴。

执行该工作任务，需要穿戴的个人防护用品有：

项目十一　离心泵的运行——离心泵开停车

六、任务实施

(一) 资讯

汽油的 MSDS（节选）

第一部分　化学品及企业标识

化学品中文名称：汽油

化学品俗名或商品名：汽油

化学品英文名称：gasoline

英文名称：Petrol

国家应急电话：(86)-(0532)-(83889090)

第二部分　危险性概述

危险性类别：第 3.1 类低闪点液体

侵入途径：吸入、食入

健康危害：汽油为麻醉性毒物，急性汽油中毒主要引起中枢神经系统和呼吸系统损害。

急性中毒：吸入汽油蒸气后，轻度中毒出现头痛、头晕、恶心、呕吐、步态不稳、视力模糊、烦躁、哭笑无常、兴奋不安、轻度意识障碍等。重度中毒出现中度或中度意识障碍、化学性肺炎、反射性呼吸停止。汽油液体被吸入呼吸道后引起吸入性肺炎，出现剧烈咳嗽、胸痛、咯血、发热、呼吸困难、紫绀。如汽油液体进入消化道，表现为频繁呕吐、胸骨后灼热感、腹痛、腹泻、肝脏肿大及压痛。皮肤浸泡或浸渍于汽油较长时间后，受浸皮肤出现水疱、表皮破碎脱落，呈现Ⅱ度灼伤。个别敏感者可引起急性皮炎。

慢性中毒：表现为神经衰弱综合征、自主神经功能紊乱、周围神经病。严重中毒出现中毒性脑病、中毒性精神病、类精神分裂症、中毒性周围神经病所致肢体瘫痪。可引起肾脏损害。长期接触汽油可引起血中白细胞等血细胞的减少，其原因是汽油内苯含量较高，其临床表现同慢性苯中毒。皮肤损害包括皮肤干燥、皲裂、角化、毛囊炎、慢性湿疹、指甲变厚和凹陷。严重者可引起剥脱性皮炎。

环境危害：对环境有害。

燃爆危险：极易燃，其蒸气与空气混合，能形成爆炸性混合物。

(二) 工作过程

1. 标准化操作卡填写。

标准化操作卡

1. 基本信息　General information

单位名称_____　装置名称_____☎_____

装置负责人_____　操作班长_____☎_____

安全员　有□　没有□　　签　　名_____☎_____

2. 工作内容　Work description

装置设备：_____所在位置：_____

待进行的工作：_____

班级：　　　　　　　姓名：

有效期：___年___月___日___时___分到___年___月___日___时___分

3. 风险提示及关键步骤　Risk tips and key steps

☐ 危险物质名称_____
☐ 是否对停下的泵的备用泵进行_____
☐ 不能_____，再关_____
☐ 处于危险状态物质（高/低温，正/负压）
☐ 动火/临时用电/进入受限空间许可证
☐ 设备装置危害（移动部件，冷/热表面，电压）
☐ 其他危害：_____

4. 操作主要工作步骤　Operation of main work step

　　　　　　　　　　　　　　　　　　是　否　安全措施完成，签名
　　　　　　　　　　　　　　　　　　　　　　安全措施撤销，签名

停泵操作阶段

（1）与电力调度确认　　　　　　　　　　☐　☐ _____
（2）检查确认回流循环保护阀是否全开　　☐　☐ _____
（3）将泵电机打至就地位置　　　　　　　☐　☐ _____
（4）内外操配合，外操缓慢关小泵出口阀，内操手动同步关闭
　　　　　　　　　　　　　　　　　　　☐　☐ _____
（5）确认需停泵出口阀全关　　　　　　　☐　☐ _____

开泵操作阶段

（1）开泵前检查（润滑油液位、是否进行盘车）☐　☐ _____
（2）灌泵并与电力调度确认　　　　　　　☐　☐ _____
（3）检查确认泵出口阀全关　　　　　　　☐　☐ _____
（4）按下启动按钮，确认开泵　　　　　　☐　☐ _____
（5）内外操配合，外操缓慢打开泵出口阀，内操手动同步开启
　　　　　　　　　　　　　　　　　　　☐　☐ _____
（6）流量调至所需大小　　　　　　　　　☐　☐ _____

5. 安全措施检查　Approval of safety measures

_____
　　　　　　　　　　　　　　　　　　　　　日期　签名

6. 操作许可　Permit release

_____
　　　　　　　　　　　　　　　　　　　　　日期　签名

2. 工作记录，填写表11-4。
3. 异常情况分析及处理方法，填写表11-5。

表 11-4　工作记录

时间	项目	内容	执行人员

表 11-5　异常情况分析及处理方法

序号	异常现象	异常原因	处理方法

七、任务总结评价

1. 学生自我评估与总结。
2. 小组评估与总结。填写表 11-6。

表 11-6　《离心泵开停车》任务评价表

小组：_____　得分：_____

（一）文明安全

序号	操作内容	分值	情况记录
1	个人防护,穿戴正确(15分)		
2	分工明确,团队合作(15分)		
3	安全意识,现场整洁(15分)		

（二）离心泵停车操作

序号	操作内容	分值	情况记录
1	与电力调度确认、检查确认回流循环保护阀是否全开(5分)		
2	将泵电机打至就地位置(5分)		
3	外操缓慢关小泵出口阀,内操手动同步关闭(5分)		
4	确认需停泵出口阀全关(5分)		

班级：　　　　　　　姓名：

续表

(三)离心泵开车操作

序号	操作内容	分值	情况记录
1	开泵检查、电力调度确认(5分)		
2	灌泵(5分)		
3	离心泵出口阀门关闭(5分)		
4	确认开泵(5分)		
5	缓慢开启出口阀(5分)		

(四)确认离心泵正常运转

序号	操作内容	分值	情况记录
1	泵工作声音是否正常(5分)		
2	离心泵在最高效率区运转(5分)		

3. 教师评估与总结。填写表11-7。

表11-7　操作评价表

评价要素	细目	分值	评价记录
安全防护与准备	PPE选用正确	5	
	PPE穿戴规范	3	
	安全须知的阅读与确认	2	
工作计划制订	全面性	10	
	合理性	10	
工作过程	选用工具正确	5	
	操作过程合理规范	10	
	操作熟练	10	
	无不安全、不文明操作	5	
作业许可证的填写	准确性	5	
	规范性	5	
现场整理	地面无水渍	5	
	工具摆放整齐	5	
小组合作	分工明确	5	
	配合默契	5	
专业谈话	准确性	5	
	清晰度	5	

4. 各小组对工作岗位进行"6S"管理。

(1) 在小组完成工作任务以后，各小组必须对自己的工作岗位进行"整理、整顿、清扫、清洁、安全、素养"管理。

(2) 归还所借的工量具和实训工件。

八、评估谈话

1. 离心泵如何灌泵？
2. 本任务中离心泵运转声音是否正常，如何判断？
3. 你认为本任务的难点是什么？你是如何解决的？

项目十一　离心泵的运行——离心泵开停车

课堂笔记

项目十二
离心泵的运行——离心泵切换

一、任务描述

正在运行的脱 C_5 塔进料泵,输送介质为裂解汽油,由储罐将介质输送至脱 C_5 塔,泵 PB-710A 操作条件为工作温度 43 ℃、入口压力 0.20 MPa、出口压力 0.38 MPa、流量为 850 m^3/h、转速 2950 r/min、轴功率 5.9 kW。副操巡检中发现该主泵已经连续运行操作 2 个月。请你班组在保证装置正常运行的前提下,将该主泵与备用泵进行切换。

二、能力目标

1. 能制定并执行离心泵切换操作方案。
2. 能制定离心泵切换应急处理方案。
3. 具备组织协调能力,做好泵切换的操作工作。
4. 具备 HSE 意识,操作过程及现场整理符合 HSE 要求。

三、主导问题

1. 离心泵切换前具体准备工作有哪些?
2. 离心泵切换的条件有哪些?
3. 离心泵切换的具体操作步骤有哪些?

四、任务计划

1. 为了确保离心泵的顺利切换,需要执行以下操作:

第一步:＿＿＿＿＿＿＿＿＿＿＿＿＿＿＿＿＿＿＿

第二步:＿＿＿＿＿＿＿＿＿＿＿＿＿＿＿＿＿＿＿

第三步:＿＿＿＿＿＿＿＿＿＿＿＿＿＿＿＿＿＿＿

第四步:＿＿＿＿＿＿＿＿＿＿＿＿＿＿＿＿＿＿＿

2. 根据本任务的情境,分析离心泵切换过程可能出现的故障,提出处理措施,填写表 12-1。

表 12-1 故障现象及处理措施

序号	故障现象	原因分析	处理措施

3. 根据装置流程，为了顺利操作离心泵的切换，应按以下步骤完成离心泵的切换操作。

```
□ → □ → □ → □
                ↓
□ ← □ ← □ ← □
↓
□ → □ → □ → □
```

五、任务准备

1. 任务确认。

本任务安全须知

（1）个人防护用品需检查后进行穿戴，如安全帽、防护手套等。
（2）操作电气设备时，注意绝缘防护，避免接触带电部位。
（3）出现高压系统漏、着火、抱轴及轴承烧坏要紧急停泵。
（4）现场地面液体及时清理，防止滑倒。

我已经知晓本任务及安全须知，将严格遵守并进行操作。

签字人：_____

时间：_____

2. 设备、工具的准备，填写表12-2。

表12-2　设备、工具的准备

作业单号：　　　　领料部门：　　　　　　　　　　　年　　月　　日

序号	名称	数量	规格	单位	借出时间	借用人签名	归还时间	归还人签名	管理员签名	备注

3. 人员分工，填写表12-3。

班级：_____ 姓名：_____

表 12-3　人员分工

序号	岗位	职责	人员

4. 个人防护穿戴。

执行该工作任务，需要穿戴的个人防护用品有：

_____

六、任务实施

（一）资讯

石油醚的 MSDS（节选）

第一部分　化学品及企业标识

化学品中文名称：石油醚

化学品俗名或商品名：石油精

化学品英文名称：Petroleum ether

英文名称：Petroleum ether

国家应急电话：(86)-(0532)-(83889090)

第二部分　危险性概述

紧急情况概述：

液体，高度易燃，其蒸气与空气混合，能形成爆炸性混合物。如果被吞食，可能造成严重的肺部损伤。对水生生物有毒，对水生生物长期有害。

GHS 危险性类别：

易燃液体，类别 2；

吸入危险，类别 1；

生殖细胞至突变性，类别 1B；

危害水生环境-急性毒性，类别 2；

危害水生环境-慢性毒性，类别 2。

危险性说明：

高度易燃液体和气体，吞食或进入呼吸道可致命，可能导致遗传性缺陷，对水生生物有毒，对水生生物造成长期持续影响。

防范说明：

使用前取得专业说明，在阅读并明了所有安全措施前切勿搬动。远离火源、热源、火花。保持容器密闭。使用不产生火花或静电的工具。操作时佩戴防护手套、防护面具、防护服、防护眼罩。

事故响应：

皮肤接触：脱去污染衣着，用大量流动清水冲洗。就医。

眼睛接触：提起眼睑，用流动清水或生理盐水冲洗。就医。

吸入：迅速脱离现场至空气新鲜处。呼吸心跳停止时，立即进行人工呼吸和胸外心脏按压，就医。

食入：立即呼叫急救中心，不得诱呕吐。

安全储备：储存于阴凉、通风的库房，保持容器密封。远离火种、热源。保持低温。

废弃处置：建议燃烧处理。

物理化学危害：高度易燃物，其蒸气与空气混合能形成爆炸混合物。

健康危害：其蒸气或雾对眼睛、黏膜和呼吸道有刺激性。中毒表现有烧灼感、咳嗽、喘息、喉炎、气短、头痛、恶心和呕吐。本品可引起周围神经炎。对皮肤有强烈刺激性。

环境危害：对环境有危害，对水体、土壤和大气可造成污染。

燃爆危险：该品极度易燃，具有强刺激性。

（二）工作过程

1. 标准化操作卡填写。

标准化操作卡

1. 基本信息　General information

单位名称_____　装置名称_____☎_____

装置负责人_____　操作班长_____☎_____

安全员　有□　没有□　　签　名_____☎_____

2. 工作内容　Work description

装置设备：_____所在位置：_____

待进行的工作：_____

有效期：____年____月____日____时____分到____年____月____日____时____分

3. 风险提示及关键步骤　Risk tips and key steps

□ 危险物质名称_____

□ 是否对备用泵的电机正反转进行检查_____

□ 备用泵启动前进口阀是否已打开，液体是否充满泵体_____

□ 处于危险状态物质（高/低温，正/负压）

□ 其他危害：_____

4. 操作主要工作步骤　Operation of main work step

　　　　　　　　　　　　　　　　　　　　　　是　　否
　　　　　　　　　　　　　　　　　　　安全措施完成，签名
　　　　　　　　　　　　　　　　　　　安全措施撤销，签名

备用泵开泵操作阶段

（1）检查备用泵电机正反转　　　　　　　　　　□　□_____

（2）确定备用泵进口阀开启，液体充满泵体　　　□　□_____

（3）将泵电机打至就地位置，启动备用泵　　　　□　□_____

（4）观察出口压力、流量参数稳定情况　　　　　□　□_____

班级：　　　　　　　姓名：

（5）配合关闭运行主泵，缓慢开启备用泵出口阀门　　□　□　＿＿＿＿＿

运行主泵停泵操作阶段

（1）配合开启备用泵，缓慢关闭运行主泵出口阀　　□　□　＿＿＿＿＿
（2）维持出口压力、流量变化尽可能小　　　　　　□　□　＿＿＿＿＿
（3）检查备用泵出口压力、流量稳定　　　　　　　□　□　＿＿＿＿＿
（4）彻底关闭运行主泵出口阀，切断电源　　　　　□　□　＿＿＿＿＿

5．安全措施检查　Approval of safety measures

_____

　　　　　　　　　　　　　　　　　　　　　　　日期　签名

6．操作许可　Permit release

_____

　　　　　　　　　　　　　　　　　　　　　　　日期　签名

2．工作记录填写至表12-4。

表12-4　工作记录

时间	项目	内容	执行人员

3．异常情况分析及处理方法填写至表12-5。

表12-5　异常情况分析及处理方法

序号	异常现象	异常原因	处理方法

4．各小组对工作岗位进行"6S"管理。

（1）在小组完成工作任务以后，各小组必须对自己的工作岗位进行"整理、整顿、清扫、清洁、安全、素养"管理。

（2）归还所借的工量具和实训工件。

七、任务总结评价

1. 自我评估与总结。
2. 小组评估与总结。填写表 12-6。

表 12-6 《离心泵切换》任务评价表

小组：_____ 得分：_____

（一）文明安全

序号	操作内容	分值	情况记录
1	个人防护，穿戴正确(15分)		
2	分工明确，团队合作(15分)		
3	安全意识，现场整洁(15分)		

（二）备用离心泵开泵操作

序号	操作内容	分值	情况记录
1	检查备用泵电机正反转情况(5分)		
2	灌泵，将泵电机打至就地位置(5分)		
3	观察出口压力、流量参数稳定情况(5分)		
4	缓慢开启备用泵出口阀(5分)		

（三）主运行离心泵停泵操作

序号	操作内容	分值	情况记录
1	缓慢关闭主运行离心泵出口阀(5分)		
2	主运行泵关闭与备用泵开启配合紧密(5分)		
3	出口压力、流量变化小(5分)		
4	备用泵出口压力、流量正常(5分)		
5	关闭主运行泵出口阀，切断电源(5分)		

（四）确认备用离心泵正常运转

序号	操作内容	分值	情况记录
1	泵工作声音是否正常(5分)		
2	离心泵在最高效率区运转(5分)		

3. 教师评估与总结。填写表 12-7。

表 12-7 操作评价表

评价要素	细目	分值	评价记录
安全防护与准备	PPE 选用正确	5	
	PPE 穿戴规范	3	
	安全须知的阅读与确认	2	
工作计划制订	全面性	10	
	合理性	10	

续表

评价要素	细目	分值	评价记录
工作过程	选用工具正确	5	
	操作过程合理规范	10	
	操作熟练	10	
	无不安全、不文明操作	5	
作业许可证的填写	准确性	5	
	规范性	5	
现场整理	地面无水渍	5	
	工具摆放整齐	5	
小组合作	分工明确	5	
	配合默契	5	
专业谈话	准确性	5	
	清晰度	5	

八、评估谈话

1. 离心泵如何切换？
2. 本任务中离心泵运转声音是否正常，如何判断？
3. 你认为本任务的难点是什么？你是如何解决的？

项目十二　离心泵的运行——离心泵切换

课堂笔记

项目十三
离心泵的运行——离心泵串并联

一、任务描述

正在运行的脱 C_5 塔进料泵,输送介质为裂解汽油,由储罐将介质输送至脱 C_5 塔,操作条件为工作温度 43 ℃、入口压力 0.20 MPa、出口压力 0.38 MPa、流量为 850 m^3/h、转速 2950 r/min、轴功率 5.9 kW。现需增加离心泵输出流量及扬程。请你班组通过离心泵的串并联操作保证装置正常运行。

二、能力目标

1. 能制定并执行离心泵串并联操作方案。
2. 能测量不同转速下离心泵的特性曲线。
3. 能测量离心泵串联时的压头和流量的关系。
4. 能测量离心泵并联时的压头和流量的关系。
5. 具备 HSE 意识,操作过程及现场整理符合 HSE 要求。

三、主导问题

1. 离心泵的特性参数有哪些?
2. 离心泵特性曲线的测定方法有哪些?
3. 离心泵串联操作时,压头和流量的关系是什么?
4. 离心泵并联操作时,压头和流量的关系是什么?

四、任务计划

1. 为了确保离心泵串并联操作,需要执行以下操作:

第一步:_____

第二步:_____

第三步:_____

第四步:_____

2. 根据本任务的情境,通过离心泵串联操作解决故障,分析流量与压头的变化关系,填写表 13-1。

表 13-1 流量与压头的变化关系

序号	故障现象	处理措施	流量与压头的变化关系

3. 根据装置流程，为了顺利操作离心泵串并联，应按以下步骤完成离心泵的串并联操作。

□ → □ → □ → □

□ ← □ ← □ ← □

□ → □ → □ → □

五、任务准备

1. 任务确认。

本任务安全须知

（1）个人防护用品需检查后进行穿戴，如安全帽、防护手套等。
（2）操作电气设备时，注意绝缘防护，避免接触带电部位。
（3）出现高压系统漏、着火、抱轴及轴承烧坏要紧急停泵。
（4）现场地面液体及时清理，防止滑倒。

我已经知晓本任务及安全须知，将严格遵守并进行操作。

签字人：＿＿＿＿＿＿

时间：＿＿＿＿＿＿

2. 设备、工具的准备，填写表13-2。

表 13-2 设备、工具的准备

作业单号：　　　　领料部门：　　　　　　　　　　年　　月　　日

序号	名称	数量	规格	单位	借出时间	借用人签名	归还时间	归还人签名	管理员签名	备注

3. 人员分工，填写表13-3。

班级：　　　　　　姓名：

表 13-3　人员分工

序号	岗位	职责	人员

4. 个人防护穿戴。

执行该工作任务，需要穿戴的个人防护用品有：

_____

六、任务实施

（一）资讯

汽油的 MSDS（节选）

第一部分　化学品及企业标识

化学品中文名称：石脑油

化学品俗名或商品名：粗汽油

化学品英文名称：Crude oil

英文名称：Crude oil

国家应急电话：(86)-(0532)-(83889090)

第二部分　危险性概述

危险性类别：第 3.2 类　中闪点易燃液体

侵入途径：吸入、食入、经皮肤吸收。

健康危害：石脑油蒸气可引起眼及上呼吸道刺激症状，如浓度过高，几分钟即可引起呼吸困难、紫绀等缺氧症状。

环境危害：对环境有危害，对水体、土壤和大气可造成污染。

燃爆危险：本品易燃，具有刺激性。

（二）工作过程

1. 标准化操作卡填写。

标准化操作卡

1. 基本信息　General information

单位名称_____　装置名称_____☎

装置负责人_____　操作班长_____☎

安全员　有□　没有□　　签　名_____☎

2. 工作内容　Work description

装置设备：_____　　　　　　所在位置：_____

待进行的工作：_____

有效期：___年___月___日___时___分到___年___月___日___时___分

3. 风险提示及关键步骤　Risk tips and key steps
　　□ 危险物质名称_____
　　□ 是否对停下的泵的备用泵进行_____
　　□ 不能_____，再关_____
　　□ 处于危险状态物质（高/低温，正/负压）
　　□ 动火/临时用电/进入受限空间许可证
　　□ 设备装置危害（移动部件，冷/热表面，电压）　□ 其他危害：_____

4. 操作主要工作步骤　Operation of main work step
　　　　　　　　　　　　　　　　　　　　是　否　安全措施完成，签名
　　　　　　　　　　　　　　　　　　　　　　　　安全措施撤销，签名

离心泵串联操作阶段

（1）开泵前检查（润滑油液位、是否进行盘车）　□ □ _____
（2）灌泵并与电力调度确认　□ □ _____
（3）将泵电机打至就地位置、确认开泵　□ □ _____
（4）调节离心泵出口阀的开度，测定数据并绘制离心泵特性曲线
　　　　　　　　　　　　　　　　　　　　　　　□ □ _____
（5）开离心泵的串联阀门，测定串联离心泵在不同流量下的扬程
　　　　　　　　　　　　　　　　　　　　　　　□ □ _____
（6）绘制串联时离心泵特性曲线　□ □ _____

离心泵并联操作阶段

（1）开泵前检查（润滑油液位、是否进行盘车）　□ □ _____
（2）灌泵并与电力调度确认　□ □ _____
（3）将泵电机打至就地位置、确认开泵　□ □ _____
（4）开离心泵的并联阀门，测定并联离心泵在不同流量下的扬程
　　　　　　　　　　　　　　　　　　　　　　　□ □ _____
（5）绘制并联时离心泵特性曲线　□ □ _____
（6）测量结束，关闭离心泵　□ □ _____

5. 安全措施检查　Approval of safety measures

　　　　　　　　　　　　　　　　　　　　　　　　　　　日期　签名

6. 操作许可　Permit release

　　　　　　　　　　　　　　　　　　　　　　　　　　　日期　签名

2. 工作记录填写至表 13-4。
3. 异常情况分析及处理方法填写至表 13-5。
4. 各小组对工作岗位进行"6S"管理。

班级：　　　　　　　　姓名：

表 13-4　工作记录

时间	项目	内容	执行人员

表 13-5　异常情况分析及处理方法

序号	异常现象	异常原因	处理方法

（1）在小组完成工作任务以后，各小组必须对自己的工作岗位进行"整理、整顿、清扫、清洁、安全、素养"管理。

（2）归还所借的工量具和实训工件。

七、任务总结评价

1. 自我评估与总结。
2. 小组评估与总结。填写表 13-6。

表 13-6　《离心泵串并联操作》任务评价表

小组：＿＿＿＿＿＿　得分：＿＿＿＿＿＿

（一）文明安全

序号	操作内容	分值	情况记录
1	个人防护，穿戴正确(20 分)		
2	分工明确，团队合作(20 分)		
3	安全意识，现场整洁(20 分)		

（二）离心泵串联操作

序号	操作内容	分值	情况记录
1	与电力调度确认、检查确认回流循环保护阀是否全开(5 分)		
2	将泵电机打至就地位置(5 分)		
3	调节离心泵出口阀的开度，测定数据并绘制离心泵特性曲线(5 分)		
4	开离心泵的串联阀门，测定串联离心泵在不同流量下的扬程(5 分)		

项目十三　离心泵的运行——离心泵串并联

(三) 离心泵并联操作

序号	操作内容	分值	情况记录
1	开泵检查、电力调度确认(5分)		
2	将泵电机打至就地位置(5分)		
3	开离心泵的并联阀门,测定并联离心泵在不同流量下的扬程(5分)		
4	测量结束,关闭离心泵(5分)		

3. 教师评估与总结。填写表13-7。

表 13-7　操作评价表

评价要素	细目	分值	评价记录
安全防护与准备	PPE 选用正确	5	
	PPE 穿戴规范	3	
	安全须知的阅读与确认	2	
工作计划制订	全面性	10	
	合理性	10	
工作过程	选用工具正确	5	
	操作过程合理规范	10	
	操作熟练	10	
	无不安全、不文明操作	5	
作业许可证的填写	准确性	5	
	规范性	5	
现场整理	地面无水渍	5	
	工具摆放整齐	5	
小组合作	分工明确	5	
	配合默契	5	
专业谈话	准确性	5	
	清晰度	5	

八、评估谈话

1. 离心泵串联操作中流量与压强的变化关系是什么?
2. 离心泵并联操作中流量与压强的变化关系是什么?
3. 你认为本任务的难点是什么?你是如何解决的?

项目十四
往复泵的运行

一、任务描述

一套泡罩塔精馏装置进行开车操作,在运行到全回流状态下时,开始进料,输送物料为水-乙醇混合物,输送设备为往复泵。现场需要操作工安全启用往复泵并且将流量调至设定值,调节冲程为 10 mm。

二、能力目标

1. 具备制定工作目标并按计划执行的能力。
2. 能小组协作共同完成任务。
3. 能正确进行开车前的检查工作。
4. 能正确启动往复泵,调节到指定冲程。

三、主导问题

1. 往复泵启动前的检查工作有哪些?
2. 如何正确启动往复泵?
3. 如何正确调节往复泵冲程?

四、任务计划

1. 为了确保装置的正常运行,需要执行以下操作:

第一步:_____

第二步:_____

第三步:_____

第四步:_____

2. 根据本任务的情境,分析检修存在的危险因素,提出防护措施,填写表 14-1。

表 14-1 危险因素与防护措施

序号	危险因素	危害后果	防护措施

五、任务准备

1. 任务确认。

本任务安全须知

（1）个人防护用品需检查后进行穿戴，如安全帽、安全鞋、工作服和安全眼镜等。

（2）开关阀门时注意避免手部划伤。

（3）操作电气设备时，注意绝缘防护，避免接触带电部位。

（4）现场地面液体及时清理，防止滑倒。

我已经知晓本任务及安全须知，将严格遵守并进行操作。

签字人：_____

时间：_____

2. 人员分工，填写至表14-2。

表14-2 人员分工

序号	岗位	职责	人员

3. 个人防护穿戴。

执行该工作任务，需要穿戴的个人防护用品有：
_____

六、任务实施

（一）资讯

乙醇的 MSDS（节选）

第一部分　化学品及企业标识

化学品中文名称：乙醇

化学品俗名或商品名：酒精

化学品英文名称：ethyl alcohol

分子式：C_2H_6O

分子量：46.07

第二部分　危险性概述

危害健康：本品为中枢神经系统抑制剂。首先引起兴奋随后抑制。急性中毒多发生于口服，一般可分为兴奋、催眠、麻醉、窒息四个阶段，患者进入第三或第四阶段，出现意识丧失、瞳孔扩大、呼吸不规律、休克、心力循环衰竭及呼吸停止。在生产中长期接触高浓度本品可引起鼻、眼、黏膜刺激症状以及头痛、头晕、疲乏、易激动、震颤、恶心等。长期酗酒可引起多发性神经病、慢性胃炎、脂肪肝、肝硬化、心肌损害及器质

班级：　　　　　　　　　姓名：

性精神病等。皮肤长期接触可引起干燥、脱屑、皲裂和皮炎。

燃爆危险：本品易燃，具有刺激性。

第三部分　急　救　措　施

皮肤接触：脱去污染的衣着，用流动清水冲洗。

眼睛接触：提起眼睑，用流动清水或生理盐水冲洗。就医。

吸入：迅速脱离现场至空气新鲜处。就医。

食入：饮足量温水，催吐。就医。

（二）工作过程

1. 工作记录，填写至表14-3。

表14-3　工作记录

时间	项目	内容	执行人员

2. 异常情况分析及处理方法填写至表14-4中。

表14-4　异常情况分析及处理方法

序号	异常现象	异常原因	处理方法

3. 各小组对工作岗位进行"6S"管理。

（1）在小组完成工作任务以后，各小组必须对自己的工作岗位进行"整理、整顿、清扫、清洁、安全、素养"管理。

（2）归还所借的工量具和实训工件。

七、任务总结评价

1. 自我评估与总结。

2. 小组评估与总结。填写表14-5。

项目十四　往复泵的运行

表 14-5　《活塞泵开停车》任务评价表

小组：_____　得分：_____

（一）文明安全

序号	操作内容	分值	情况记录
1	个人防护，穿戴正确（10 分）		
2	分工明确，团队合作（5 分）		
3	安全意识，现场整洁（10 分）		

（二）开车前检查

序号	操作内容	分值	情况记录
1	确认总电源开启（5 分）		
2	确认往复泵油位（5 分）		
3	确认原料罐液位（5 分）		

（三）开车

序号	操作内容	分值	情况记录
1	打开进口阀（5 分）		
2	打开出口阀（5 分）		
3	调节冲程为 0（5 分）		
4	启动电机（5 分）		

（四）调节流量

序号	操作内容	分值	情况记录
1	调节冲程为 10 mL（5 分）		
2	观察泵的运行情况及指针指示情况（5 分）		
3	记录数据（5 分）		

（五）停车

序号	操作内容	分值	情况记录
1	调节冲程为 0（5 分）		
2	关闭电机（5 分）		
3	关闭进口阀（5 分）		
4	现场整理（10 分）		

3. 教师评估与总结。填写表 14-6。

表 14-6　操作评价表

评价要素	细目	分值	评价记录
安全防护与准备	PPE 选用正确	5	
	PPE 穿戴规范	3	
	安全须知的阅读与确认	2	
工作计划制订	全面性	15	
	合理性	10	

续表

评价要素	细目	分值	评价记录
工作过程	操作过程合理规范	10	
	操作熟练	10	
	无不安全、不文明操作	5	
作业许可证的填写	准确性	5	
	规范性	5	
现场整理	地面无水渍	5	
	工具摆放整齐	5	
小组合作	分工明确	5	
	配合默契	5	
专业谈话	准确性	5	
	清晰度	5	

八、评估谈话

1. 往复泵启动前要保证出口阀处于打开还是关闭状态？为什么？
2. 如何调节往复泵的流量？
3. 你认为本任务的难点是什么？你是如何解决的？

课堂笔记

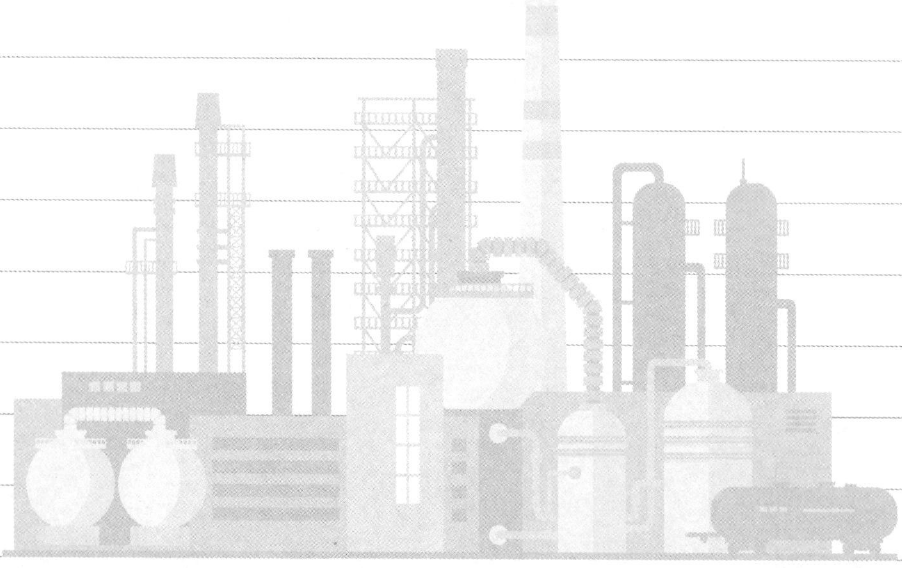

项目十五
日常维护保养——更换润滑油

一、任务描述

储罐-泵系统（图 15-1），输送介质为苯，工作温度 80 ℃，工作压力为 0.35 MPa，操作工小王在现场巡检中发现 A 泵轴承箱油标模糊不清，内部轮滑油颜色呈现暗褐色。请你班组完成 A 泵的润滑油更换工作，已知 A 泵转速是 2950 r/min。

图 15-1 储罐-泵系统

二、能力目标

1. 具备制定工作目标并按计划执行的能力。
2. 能小组协作共同完成任务。
3. 能正确识别离心泵维保中可能存在的风险。
4. 能规范使用相关工具完成更换润滑油操作。
5. 能自觉遵守操作中的安全和环保要求。

三、主导问题

1. 润滑油的作用是什么？（至少列举五种）
2. 润滑油的型号有哪些？本项目应选择什么型号的润滑油？
3. 为机泵更换润滑油之前的准备工作有哪些？

项目十五　日常维护保养——更换润滑油

四、任务计划

1. 为了确保装置的正常运行，需要执行以下操作：

第一步：_____

第二步：_____

第三步：_____

第四步：_____

第五步：_____

2. 根据本任务的情境，分析检修存在的危险因素，提出防护措施，填写表 15-1。

表 15-1　危险因素和防护措施

序号	危险因素	危害后果	防护措施

3. 根据装置流程，为了避免危险的发生，应按以下步骤完成更换润滑油。

五、任务准备

1. 任务确认。

本任务安全须知

（1）个人防护用品需检查后进行穿戴，如安全帽、防护手套等。

（2）工具（如 F 型扳手）使用前检查有无破损，切忌蛮力使用。

（3）更换润滑油前必须确认离心泵已经关停，电源切断并上锁挂牌。

班级：＿＿＿＿＿＿＿　　姓名：＿＿＿＿＿＿＿

（4）操作中避免被机械碰伤、撞伤。

（5）操作电气设备时，注意绝缘防护，避免接触带电部位。

（6）现场地面液体及时清理，防止滑倒。

我已经知晓本任务及安全须知，将严格遵守并进行操作。

签字人：＿＿＿＿＿＿

时间：＿＿＿＿＿＿

2. 设备、工具的准备，填写表 15-2。

表 15-2　设备、工具的准备

作业单号：＿＿＿＿＿　领料部门：＿＿＿＿＿　　　　　　年　月　日

序号	名称	数量	规格	单位	借出时间	借用人签名	归还时间	归还人签名	管理员签名	备注

3. 人员分工，填写至表 15-3 中。

表 15-3　人员分工

序号	岗位	职责	人员

4. 个人防护穿戴。

执行该工作任务，需要穿戴的个人防护用品有：

＿＿＿＿＿＿＿＿＿＿＿＿＿＿＿＿＿＿＿＿＿＿＿＿＿＿＿＿＿＿＿＿＿＿＿＿＿

六、任务实施

1. 填写检修作业许可证。

设备检修许可证

1. 基本信息　General information

单位名称＿＿＿＿＿＿＿＿＿　装置名称＿＿＿＿＿＿＿＿＿☎＿＿＿＿＿＿

装置负责人＿＿＿＿＿＿＿＿　操作班长＿＿＿＿＿＿＿＿＿☎＿＿＿＿＿＿

安全员　　有□　没有□　　签　名＿＿＿＿＿＿＿＿＿＿☎＿＿＿＿＿＿

2. 工作内容　Work description

装置设备：＿＿＿＿＿＿＿＿＿＿＿＿＿＿＿＿＿＿　所在位置：＿＿＿＿＿＿

待进行的工作：＿＿＿＿＿＿＿＿＿＿＿＿＿＿＿

有效期：＿＿年＿＿月＿＿日＿＿时＿＿分到＿＿年＿＿月＿＿日＿＿时＿＿分

3. 危害识别　Identification of hazards

　　□ 危险物质名称＿＿＿＿＿＿＿＿

　　□　□　□　□　□　□　□　□　□

　　□ 处于危险状态物质（高/低温，正/负压）　　□ 动火/临时用电/进入受限
　　　　　　　　　　　　　　　　　　　　　　　　空间许可证

　　□ 设备装置危害（移动部件，冷/热表面，电压）　□ 其他危害：＿＿＿＿＿＿

4. 施工前的安全措施（隔断选择）　Pre-work safety measures

　　　　　　　　　　　　　　　　　是　否　　安全措施完成，签名
　　　　　　　　　　　　　　　　　　　　　　安全措施撤销，签名

（1）确保 E&I 设备安全　　　　　　□　□　＿＿＿＿＿＿

（2）确保装置设备安全

　　　■ 单阀隔断　　　　　　　　　□　□　＿＿＿＿＿＿

　　　■ 双阀隔断　　　　　　　　　□　□　＿＿＿＿＿＿

　　　■ 盲板隔断　　　　　　　　　□　□　＿＿＿＿＿＿

（3）导空清洗工艺设备

　　　■ 导空　　　　　　　　　　　□　□　＿＿＿＿＿＿

　　　■ 以＿＿＿＿＿＿清洗　　　　□　□　＿＿＿＿＿＿

（4）确保施工区域安全

　　　■ 现场隔断使用　　　　　　　□　□　＿＿＿＿＿＿

　　　■ 需覆盖的区域　　　　　　　□　□　＿＿＿＿＿＿

（5）确保邻近的危险区域安全　　　　□　□　＿＿＿＿＿＿

5. 安全措施检查（隔断测试）　Approval of safety measures

＿＿＿＿＿＿＿＿＿＿＿＿＿＿＿＿＿＿＿＿＿＿＿＿＿＿＿＿＿＿＿＿＿＿

　　　　　　　　　　　　　　　　　　　　　　　　日期　　　签名

6. 许可证批准　Permit release

＿＿＿＿＿＿＿＿＿＿＿＿＿＿＿＿＿＿＿＿＿＿＿＿＿＿＿＿＿＿＿＿＿＿

　　　　　　　　　　　　　　　　　　　　　　　　日期　　　签名

2. 填写维护保养记录。

设备名称：＿＿＿＿＿＿＿＿＿＿＿＿　设备位号：＿＿＿＿＿＿＿＿＿＿＿

维保项目名称：＿＿＿＿＿＿＿＿＿

班级：＿＿＿＿＿＿＿ 姓名：＿＿＿＿＿＿＿

使用润滑油型号：＿＿＿＿＿＿＿	用量：＿＿＿＿＿＿＿mL
回收润滑油的量：＿＿＿＿＿＿＿mL	回收地点：＿＿＿＿＿＿＿
维保人员1签名：＿＿＿＿＿＿＿	维保人员2签名：＿＿＿＿＿＿＿
日　　　期：＿＿＿＿＿＿＿	

3. 异常情况分析及处理方法填写至表15-4中。

表15-4　异常情况分析及处理方法

序号	异常现象	异常原因	处理方法

七、任务总结评价

1. 自我评估与总结。
2. 小组评估与总结。填写表15-5。

表15-5　《更换润滑油》任务评价表

小组：＿＿＿＿＿　得分：＿＿＿＿＿

(一)文明安全

序号	操作内容	分值	情况记录
1	个人防护,穿戴正确(15分)		
2	分工明确,团队合作(15分)		
3	安全意识,现场整洁(15分)		

(二)工具材料准备

序号	操作内容	分值	情况记录
1	工具选用适当,准备齐全(5分)		
2	润滑油选用型号适合(5分)		

(三)检查

序号	操作内容	分值	情况记录
1	机油变质乳化与否判断正确(5分)		
2	检查方法得当,不外漏(5分)		

(四)回收清洗

序号	操作内容	分值	情况记录
1	用扳手打开放油丝堵(5分)		
2	放净机油室内机油,及时回收旧机油至指定地点(5分)		
3	清洗彻底,机油室无残留(5分)		

续表

(五)加注新机油

序号	操作内容	分值	情况记录
1	用漏斗加入新机油冲洗一次,把缠好密封胶带的放油丝堵安到放油孔上,并上紧(5分)		
2	用机油壶把适量的机油加注到机油室,无外漏;满足油标位置在 1/2～2/3 之间(10分)		
3	盖上油盖,现场恢复完全(5分)		

3. 教师评估与总结。填写表15-6。

表15-6 操作评价表

评价要素	细目	分值	评价记录
安全防护与准备	PPE选用正确	5	
	PPE穿戴规范	3	
	安全须知的阅读与确认	2	
工作计划制订	全面性	10	
	合理性	10	
工作过程	选用工具正确	5	
	操作过程合理规范	10	
	操作熟练	10	
	无不安全、不文明操作	5	
作业许可证的填写	准确性	5	
	规范性	5	
现场整理	地面无水渍	5	
	工具摆放整齐	5	
小组合作	分工明确	5	
	配合默契	5	
专业谈话	准确性	5	
	清晰度	5	

4. 各小组对工作岗位进行"6S"管理。

(1) 在小组完成工作任务以后,各小组必须对自己的工作岗位进行"整理、整顿、清扫、清洁、安全、素养"管理。

(2) 归还所借的工量具和实训工件。

八、评估谈话

1. 本项目选择的润滑油型号是什么?选择的依据是什么?
2. 更换润滑油操作中要注意哪些要点?要保证润滑油不洒落,你有什么技巧吗?
3. 说说你在本次任务中担任的角色,你对自己的表现满意吗,哪里可以改进。

项目十六
管道泄漏故障处理——更换垫片

一、任务描述

某化工厂离心泵管路系统已投用多年,某日外操作员小王在进行日常巡回检查时,发现离心泵入口主管线法兰连接处发生泄漏,见图16-1,发现故障后,小王立刻向上级做了汇报。设备管理部门经过资料查询,发现泄漏处垫片多年未曾检修更换,因此认为此泄漏是由垫片损坏引起的,请小王及其团队完成垫片更换。泄漏管线公称直径DN50,公称压力PN16,材质16Mn。管道内介质为乙酸乙酯,属于易燃易爆物质。

图 16-1 法兰泄漏

二、能力目标

1. 发现泄漏事故后,能准确描述事故现象并记录。
2. 能进行作业安全分析,选用正确的个人防护用品,培养安全意识。
3. 能选用合适的工具、器具完成泄漏法兰处的垫片更换。
4. 通过分组讨论与练习,培养追求卓越的工匠精神、主动探索的科学精神和团结协作的职业精神。
5. 通过泄漏处理现场的整理、整顿、清扫、清洁,培养劳动精神。

项目十六 管道泄漏故障处理——更换垫片

三、主导问题

1. 说出新垫片的类别、结构组成及应用场合。
2. 列举有毒有害、易燃易爆和冷却水三种物料管线更换密封垫片的异同点。
3. 说出垫片更换的操作步骤。

四、任务计划

1. 为了确保更换垫片正常进行，制订检修计划。

第一步：_____

第二步：_____

第三步：_____

第四步：_____

第五步：_____

2. 根据本任务的情境，分析更换垫片可能存在的危险，提出防护措施，填写表 16-1。

表 16-1 危险因素及防护措施

序号	危险因素	危害后果	防护措施

3. 结合防护措施，按以下步骤完成垫片更换操作。

班级： 姓名：

五、任务准备

1. 任务确认。

本任务安全须知

（1）施工人员进入施工现场前，必须要进行施工安全、消防知识的教育和考核工作，对考核不合格的职工，禁止进入施工现场参加施工。

（2）安装施工过程中如需要进行特种作业，需办理特种作业工作手续。

（3）戴好安全帽、防护手套等个人防护用品，必要时戴好防护面罩。

（4）严格执行操作规程，不得违章指挥和违章作业，对违章作业的指令有权拒绝并有责任制止他人违章作业。

（5）未经有关人员批准，不得随意拆除安全设施和安全装置；因作业需要拆除的，作业完毕后，必须立即恢复。

（6）配齐、保养消防器材，做到会保养、会使用，做好消防工作。

我已经知晓本任务及安全须知，将严格遵守并进行操作。

签字人：_____

时间：_____

2. 设备、工具的准备，填写表 16-2。

表 16-2 设备、工具的准备

作业单号： 领料部门： 年 月 日

序号	名称	数量	规格	单位	借出时间	借用人签名	归还时间	归还人签名	管理员签名	备注

3. 个人防护穿戴。

执行该工作任务，需要穿戴的个人防护用品有：

_____

六、任务实施

1. 填写作业单。

作业单

1. 基本信息

单位名称_____ 装置名称_____ ☎_____

装置负责人_____ 操作班长_____ ☎_____

安全员 有☐ 没有☐ 签 名_____ ☎_____

项目十六

2. 工作内容

装置设备：_____ 所在位置：_____

待进行的工作：_____

有效期：___年___月___日___时___分到___年___月___日___时___分

3. 事故汇报

关键词	检查内容
泄漏物质是什么	正确□ 错误□
泄漏位置是否描述清楚	是□ 否□
初步判断泄漏原因	密封垫腐蚀破坏
泄漏物质危险特性	易燃易爆□ 有毒有害□ 无害□
泄漏物质形态	固体□ 液体□ 气体□
泄漏管线类别	工艺物料□ 辅助物料□
泄漏严重程度	滴流□ 连续流□
泄漏类型	法兰□ 管段□ 螺纹□
是否需要紧急疏散人员	是□ 否□

4. 更换垫片

               完成 是 否

（1）工艺切换时，阀门操作顺序正确　　　□　□
（2）螺栓对角线拧紧或松开　　　　　　　□　□
（3）拆卸螺栓时背对法兰口　　　　　　　□　□
（4）工具使用合理　　　　　　　　　　　□　□
（5）正确地选取垫片并检查是否损坏　　　□　□
（6）阀组回复时，阀门操作顺序正确　　　□　□

       日期　　　　　签名

5. 检修安全分析

               完成 是 否

（1）防护用品正确选用　　　　　　　　　□　□
（2）隔离待检修管线　　　　　　　　　　□　□
（3）排净管道内介质　　　　　　　　　　□　□

       日期　　　　　签名

6. 检修质量检查

               完成 是 否

（1）试压介质合理　　　　　　　　　　　□　□
（2）试验压力正确　　　　　　　　　　　□　□
（3）试压操作合理　　　　　　　　　　　□　□
（4）试压结果判断合理　　　　　　　　　□　□

       日期　　　　　签名

7. 交付使用前安全检查

班级：_____   姓名：_____

项目	检查内容	检查表
管道技术状态	管道是否已按工艺要求与其他设备、有关配管相连	是□ 否□
	检修用的临时盲板是否已拆除	是□ 否□
	各路阀门是否按要求处于相应启、闭状态	是□ 否□
	法兰垫片是否齐全	是□ 否□
	连接螺栓是否已均匀上紧	是□ 否□
	试验用水、气是否已排除干净	是□ 否□
	对于易燃、易爆管道系统，是否已用惰性气体置换	是□ 否□
安全附件	是否齐全、有无损伤	是□ 否□
	是否进行过校检，铅封是否完整	是□ 否□
检修现场	临时设施是否拆除	是□ 否□
	是否做到检修场地清，工完料净，没有任何杂物和垃圾	是□ 否□
		日期　　　签名

2. 事故记录，填写表16-3。

表16-3 事故记录表

事故记录表			
生产代码		年　月　日	
班长		本班　　人	
生产记事			
填写人		班长确认	

3. 各小组对工作岗位进行"6S"管理。

（1）在小组完成工作任务以后，各小组必须对自己的工作岗位进行"整理、整顿、清扫、清洁、安全、素养"管理。

（2）归还所借的工量具和实训工件。

七、任务总结评价

1. 学生/小组自我评估与总结，填写表16-4。

表16-4 《更换垫片》任务评价表

小组：_____ 得分：_____

（一）文明安全

序号	操作内容	分值	情况记录
1	个人防护，穿戴正确(10分)		
2	分工明确，团队合作(5分)		
3	安全意识，现场整洁(5分)		

续表

(二)事故汇报

序号	操作内容	分值	情况记录
1	泄漏位置、泄漏物质及泄漏程度(5分)		
2	启动应急预案(5分)		

(三)更换垫片

序号	操作内容	分值	情况记录
1	工艺切换(10分)		
2	更换垫片(20分)		
3	阀组回复(10分)		

(四)检修质量检查

序号	操作内容	分值	情况记录
1	试验介质、试验压力(5分)		
2	试验操作(10分)		
3	试验结果判断(5分)		

(五)交付使用前安全检查

序号	操作内容	分值	情况记录
1	管道技术状态(5分)		
2	检修现场(5分)		

2. 教师评估与总结。填写表16-5。

表 16-5 操作评价表

评价要素	细目	分值	评价记录
安全防护与准备	PPE 选用正确	5	
	PPE 穿戴规范	3	
	安全须知的阅读与确认	2	
工作计划制订	全面性	10	
	合理性	10	
工作过程	选用工具正确	5	
	操作过程合理规范	15	
	操作熟练	15	
	无不安全、不文明操作	5	
作业许可证的填写	准确性	5	
	规范性	5	
现场整理	地面无水渍	5	
	工具摆放整齐	5	
专业谈话	准确性	5	
	清晰度	5	

班级：　　　　　　　姓名：

八、评估谈话

1. 如何保障密封垫片与法兰中心线是对齐的？
2. 垫片更换后，气密性试验中发现存在微量泄漏，怎么处理？
3. 压力试验的目的是什么？
4. 你认为本任务的难点是什么？你是如何解决的？

项目十六　管道泄漏故障处理——更换垫片

课堂笔记

项目十七
管道泄漏故障处理——哈夫节堵漏

一、任务描述

某化工厂管路系统已投用多年,某日外操作员小王在进行日常巡回检查时,发现氰化钠物质管线直管段因本身制造缺陷,且长时间受到物料腐蚀作用,管线穿孔,引起了泄漏,见图17-1,发现故障后,小王立刻向上级做了汇报。请小张及其团队完成管线泄漏处理。泄漏管线公称直径DN50,公称压力PN16,材质16Mn。氰化钠属于有毒有害物质。

图17-1 氰化钠物料精馏装置管线处泄漏

二、能力目标

1. 发现泄漏事故后,能准确描述事故现象并记录。
2. 能进行作业安全分析,选用正确的个人防护用品,培养安全意识。
3. 能选用合适的工具、器具完成哈夫节堵漏操作。
4. 通过泄漏处理现场的整理、整顿、清扫、清洁,培养劳动精神。

三、主导问题

1. 哈夫节的结构组成及密封原理是什么?
2. 哈夫节带压堵漏的操作步骤有哪些?

四、任务计划

1. 为了确保哈夫节堵漏正常进行,制订检修计划。

项目十七 管道泄漏故障处理——哈夫节堵漏

第一步：_____

第二步：_____

第三步：_____

第四步：_____

第五步：_____

2. 根据本任务的情境，分析可能存在的危险，提出防护措施，填写表 17-1。

表 17-1 危险因素及防护措施

序号	危险因素	危害后果	防护措施

3. 结合防护措施，按以下步骤完成哈夫节堵漏操作。

五、任务准备

1. 任务确认。

本任务安全须知

（1）施工人员进入施工现场前，必须要进行施工安全、消防知识的教育和考核工作，对考核不合格的职工，禁止进入施工现场参加施工。

（2）安装施工过程中如需要进行特种作业，需办理特种作业证。

（3）戴好安全帽、防护手套等个人防护用品，必要时戴好防护面罩。

（4）严格执行操作规程，不得违章指挥和违章作业，对违章作业的指令有权拒绝并有责任制止他人违章作业。

（5）未经有关人员批准，不得随意拆除安全设施和安全装置；因作业需要拆除的，作业完毕后，必须立即恢复。

（6）配齐、保养消防器材，做到会保养、会使用，做好消防工作。

班级：＿＿＿＿＿＿＿　　姓名：＿＿＿＿＿＿＿

我已经知晓本任务及安全须知，将严格遵守并进行操作。

签字人：＿＿＿＿＿＿

时间：＿＿＿＿＿＿

2. 设备、工具的准备，填写表17-2。

表17-2 设备、工具的准备

作业单号：＿＿＿＿＿　　领料部门：＿＿＿＿＿　　　　年　月　日

序号	名称	数量	规格	单位	借出时间	借用人签名	归还时间	归还人签名	管理员签名	备注

3. 个人防护穿戴。

执行该工作任务，需要穿戴的个人防护用品有：

＿＿＿＿＿＿＿＿＿＿＿＿＿＿＿＿＿＿＿＿＿＿＿＿＿＿＿＿＿＿＿＿＿＿＿＿

六、任务实施

1. 填写作业单。

作业单

1. 基本信息

单位名称＿＿＿＿＿＿＿＿＿＿　装置名称＿＿＿＿＿＿＿＿＿＿☎

装置负责人＿＿＿＿＿＿＿＿＿　操作班长＿＿＿＿＿＿＿＿＿＿☎

安全员　有□　没有□　　　签　名＿＿＿＿＿＿＿＿＿＿＿☎

2. 工作内容

装置设备：＿＿＿＿＿＿＿＿＿＿＿＿＿＿　所在位置：＿＿＿＿＿＿＿

待进行的工作：＿＿＿＿＿＿＿＿＿＿＿＿＿＿＿＿＿＿＿＿＿＿＿＿

有效期：＿＿年＿＿月＿＿日＿＿时＿＿分到＿＿年＿＿月＿＿日＿＿时＿＿分

3. 事故汇报

关键词	检查内容
泄漏物质是什么	正确□　错误□
泄漏位置是否描述清楚	是□　否□
初步判断泄漏原因	直管段腐蚀破坏
泄漏物质危险特性	易燃易爆□　有毒有害□　无害□
泄漏物质形态	固体□　液体□　气体□
泄漏管线类别	工艺物料□　辅助物料□
泄漏严重程度	滴流□　连续流□
泄漏类型	法兰□　管段□　螺纹□
是否需要紧急疏散人员	是□　否□

项目十七 管道泄漏故障处理——哈夫节堵漏

4. 哈夫节堵漏

	完成	是	否
（1）螺栓对角线拧紧或松开		□	□
（2）工具使用合理		□	□

日期　　　　　　　签名

5. 检修安全分析

	完成	是	否
（1）防护用品正确选用		□	□
（2）隔离待检修管线		□	□
（3）排净管道内介质		□	□

日期　　　　　　　签名

6. 检修质量检查

	完成	是	否
（1）试压介质合理		□	□
（2）试验压力正确		□	□
（3）试压操作合理		□	□
（4）试压结果判断合理		□	□

日期　　　　　　　签名

7. 交付使用前安全检查

项目	检查内容	检查表
管道技术状态	管道是否已按工艺要求与其他设备、有关配管相连	是□ 否□
	检修用的临时盲板是否已拆除	是□ 否□
	各路阀门是否按要求处于相应启、闭状态	是□ 否□
	法兰垫片是否齐全	是□ 否□
	连接螺栓是否已均匀上紧	是□ 否□
	试验用水、气是否已排除干净	是□ 否□
	对于易燃、易爆管道系统，是否已用惰性气体置换	是□ 否□
安全附件	是否齐全、有无损伤	是□ 否□
	是否进行过校检，铅封是否完整	是□ 否□
检修现场	临时设施是否拆除	是□ 否□
	是否做到检修场地清，工完料净，没有任何杂物和垃圾	是□ 否□

日期　　　　　　　签名

2. 事故记录，填写表17-3。

表17-3　事故记录表

事故记录表			
生产代码		年　月　日	
班长		本班人	
生产记事			
填写人		班长确认	

3. 各小组对工作岗位进行"6S"管理。

（1）在小组完成工作任务以后，各小组必须对自己的工作岗位进行"整理、整顿、清扫、清洁、安全、素养"管理。

（2）归还所借的工量具和实训工件。

七、任务总结评价

1. 学生/小组自我评估与总结。填写表17-4。

表17-4 《哈夫节堵漏》任务评价表

小组：_____ 得分：_____

（一）文明安全

序号	操作内容	分值	情况记录
1	个人防护，穿戴正确(10分)		
2	分工明确，团队合作(5分)		
3	安全意识，现场整洁(5分)		

（二）事故汇报

序号	操作内容	分值	情况记录
1	泄漏位置、泄漏物质及泄漏程度(5分)		
2	启动应急预案(5分)		

（三）哈夫节堵漏

序号	操作内容	分值	情况记录
1	螺栓对角线拧紧或松开(20分)		
2	螺栓朝向统一(10分)		
3	工具使用合理(10分)		

（四）检修质量检查

序号	操作内容	分值	情况记录
1	泄漏停止(20分)		

（五）交付使用前安全检查

序号	操作内容	分值	情况记录
1	管道技术状态(5分)		
2	检修现场(5分)		

2. 教师评估与总结。填写表17-5。

表17-5 操作评价表

评价要素	细目	分值	评价记录
安全防护与准备	PPE选用正确	5	
	PPE穿戴规范	3	
	安全须知的阅读与确认	2	
工作计划制订	全面性	15	
	合理性	15	

续表

评价要素	细目	分值	评价记录
工作过程	选用工具正确	5	
	操作过程合理规范	10	
	操作熟练	10	
	无不安全、不文明操作	5	
作业许可证的填写	准确性	5	
	规范性	5	
现场整理	地面无水渍	5	
	工具摆放整齐	5	
专业谈话	准确性	5	
	清晰度	5	

八、评估谈话

1. 如何保障哈夫节堵住泄漏点？
2. 如何处理地面上的有毒有害物质？
3. 你认为本任务的难点是什么？你是如何解决的？

项目十八
管道泄漏故障处理——钢带丝杠注胶堵漏

一、任务描述

外操人员小王巡检时,发现冷却水管路某法兰密封面因长时间受到物料腐蚀、振动等因素的影响,力学性能下降、弹性降低,引起了管法兰泄漏,见图 18-1,泄漏情况可控。目前企业不在停车检修期,需完成应急抢修,尽快恢复生产。

图 18-1 冷却水管路法兰泄漏

二、能力目标

1. 发现泄漏事故后,能准确描述事故现象并记录。
2. 能进行作业安全分析,选用正确的个人防护用品,培养安全意识。
3. 能选用合适的工具、器具,完成钢带丝杠注胶堵漏操作。
4. 通过泄漏处理现场的整理、整顿、清扫、清洁,培养劳动精神。

三、主导问题

1. 带压堵漏方法有哪些?
2. 钢带丝杠注胶堵漏使用的工具有哪些?

四、任务计划

1. 为了确保钢带丝杠注胶堵漏正常进行,制订检修计划。

第一步:_____

第二步:_____

第三步:_____

第四步：_____
第五步：_____

2. 根据本任务的情境，分析可能存在的危险，提出防护措施，填写表 18-1。

表 18-1 危险因素及防护措施

序号	危险因素	危害后果	防护措施

3. 结合防护措施，按以下步骤完成钢带丝杠注胶堵漏操作。

五、任务准备

1. 任务确认。

本任务安全须知

（1）施工人员进入施工现场前，必须要进行施工安全、消防知识的教育和考核工作，对考核不合格的职工，禁止进入施工现场参加施工。

（2）安装施工过程中如需要进行特种作业，需办理特种作业证。

（3）戴好安全帽、防护手套等个人防护用品，必要时戴好防护面罩。

（4）严格执行操作规程，不得违章指挥和违章作业，对违章作业的指令有权拒绝并有责任制止他人违章作业。

（5）未经有关人员批准，不得随意拆除安全设施和安全装置；因作业需要拆除的，作业完毕后，必须立即恢复。

（6）配齐、保养消防器材，做到会保养、会使用，做好消防工作。

班级：_____ 姓名：_____

我已经知晓本任务及安全须知，将严格遵守并进行操作。

签字人：_____

时间：_____

2. 设备、工具的准备，填写表 18-2。

表 18-2 设备、工具的准备

作业单号：_____ 领料部门：_____ 年 月 日

序号	名称	数量	规格	单位	借出时间	借用人签名	归还时间	归还人签名	管理员签名	备注

3. 个人防护穿戴。

执行该工作任务，需要穿戴的个人防护用品有：
_____

六、任务实施

1. 填写作业单。

作业单

1. 基本信息

单位名称_____ 装置名称_____ ☎_____

装置负责人_____ 操作班长_____ ☎_____

安全员 有□ 没有□ 签 名_____ ☎_____

2. 工作内容

装置设备：_____ 所在位置：_____

待进行的工作：_____

有效期：___年___月___日___时___分到___年___月___日___时___分

3. 事故汇报

关键词	检查内容
泄漏物质是什么	正确□ 错误□
泄漏位置是否描述清楚	是□ 否□
初步判断泄漏原因	法兰密封面腐蚀破坏
泄漏物质危险特性	易燃易爆□ 有毒有害□ 无害□
泄漏物质形态	固体□ 液体□ 气体□
泄漏管线类别	工艺物料□ 辅助物料□
泄漏严重程度	滴流□ 连续流□
泄漏类型	法兰□ 管段□ 螺纹□
是否需要紧急疏散人员	是□ 否□

4. 钢带丝杠注胶堵漏

	完成	是	否
(1) 操作步骤正确		□	□
(2) 工具使用合理		□	□

日期　　　　　　签名

5. 检修安全分析

	完成	是	否
(1) 防护用品正确选用		□	□
(2) 隔离待检修管线		□	□
(3) 排净管道内介质		□	□

日期　　　　　　签名

6. 检修质量检查

	完成	是	否
(1) 试压介质合理		□	□
(2) 试验压力正确		□	□
(3) 试压操作合理		□	□
(4) 试压结果判断合理		□	□

日期　　　　　　签名

7. 交付使用前安全检查

项目	检查内容	检查表
管道技术状态	管道是否已按工艺要求与其他设备、有关配管相连	是□ 否□
	检修用的临时盲板是否已拆除	是□ 否□
	各路阀门是否按要求处于相应启、闭状态	是□ 否□
	法兰垫片是否齐全	是□ 否□
	连接螺栓是否已均匀上紧	是□ 否□
	试验用水、气是否已排除干净	是□ 否□
	对于易燃易爆管道系统,是否已用惰性气体置换	是□ 否□
安全附件	是否齐全、有无损伤	是□ 否□
	是否进行过校检,铅封是否完整	是□ 否□
检修现场	临时设施是否已拆除	是□ 否□
	是否做到检修场地清,工完料净,没有任何杂物和垃圾	是□ 否□

日期　　　　　　签名

2. 事故记录,填写表 18-3。

表 18-3　事故记录表

事故记录表			
生产代码		年 月 日	
班长		本班　　人	
生产记事			
填写人		班长确认	

班级：　　　　　　　姓名：

3. 各小组对工作岗位进行"6S"管理。

（1）在小组完成工作任务以后，各小组必须对自己的工作岗位进行"整理、整顿、清扫、清洁、安全、素养"管理。

（2）归还所借的工量具和实训工件。

七、任务总结评价

1. 学生/小组自我评估与总结。填写表18-4。

表18-4 《钢带丝杠注胶堵漏》任务评价表

小组：＿＿＿＿＿ 得分：＿＿＿＿＿

（一）文明安全

序号	操作内容	分值	情况记录
1	个人防护，穿戴正确（10分）		
2	分工明确，团队合作（5分）		
3	安全意识，现场整洁（5分）		

（二）事故汇报

序号	操作内容	分值	情况记录
1	泄漏位置、泄漏物质及泄漏程度（5分）		
2	启动应急预案（5分）		

（三）钢带丝杠注胶堵漏

序号	操作内容	分值	情况记录
1	操作步骤正确（20分）		
2	工具使用合理（10分）		
3	节约用料（10分）		

（四）检修质量检查

序号	操作内容	分值	情况记录
1	泄漏停止（20分）		

（五）交付使用前安全检查

序号	操作内容	分值	情况记录
1	管道技术状态（5分）		
2	检修现场（5分）		

2. 教师评估与总结。填写表18-5。

表18-5 操作评价表

评价要素	细目	分值	评价记录
安全防护与准备	PPE选用正确	5	
	PPE穿戴规范	3	
	安全须知的阅读与确认	2	
工作计划制订	全面性	15	
	合理性	15	

续表

评价要素	细目	分值	评价记录
工作过程	选用工具正确	5	
	操作过程合理规范	10	
	操作熟练	10	
	无不安全、不文明操作	5	
作业许可证的填写	准确性	5	
	规范性	5	
现场整理	地面无水渍	5	
	工具摆放整齐	5	
专业谈话	准确性	5	
	清晰度	5	

八、评估谈话

1. 钢带丝杠注胶堵漏成功的关键点是什么？
2. 简述注胶枪各组成部分的名称。
3. 你在本次任务中担任的角色是什么？你对自己的表现满意吗？哪里可以改进？